我們安靜，我們成功！

內向者駕馭溝通、領導、創業的綻放之路。

BY BETH L. BUELOW

貝絲・碧洛──著

吳書榆──譯

佳評如潮

這本書，我在它早期醜醜薄薄的版本時就從美國買了；覺得能量耗盡時，貝絲的podcast也是我的精神充電站。貝絲讓我敬佩的，除了她那內向到極致（這是讚美）的策略思考，還有無比溫暖的心。她教我「善用長處、慢慢擴大舒適圈」，從此我不再過分勉強自己。我出書時，貝絲剛搬到一個完全不熟悉的遠方。即使新家百廢待舉，她仍義不容辭地幫我寫了好棒的推薦序。

貝絲就是內向企業家最棒的模樣，我相信你也可以從書上學到許多內向者的閃亮優勢。

——**張瀞仁**，《安靜是種超能力》作者

內向變成一種好處，這在我過去是無法想像的。

我曾假裝自己是外向的人，像是熱愛交朋友、喜歡辦活動、喜歡與人接觸與看似熱情活潑等。

直到每次在外精疲力竭後，回到電腦前獨自寫作時，我才感受到自己是快樂的。

正視自己不那麼外向，其實沒有那麼困難，曾經外向是人們認為好的條件，如今內向更有機會。

我們不再是外放、主動、社交，而是轉於專注做自己的事，吸引值得的人靠近。

外向、內向，沒有哪一個特質一定會成功。

成功，來自於你忠實地面對自己。

——**林育聖**，文案的美負責人

業務溝通工作長達十二年，講師生涯創業十三年，大家都以為我是典型的外向者，其實我是不折不扣的安靜內向者。

上課與廣播主持都是與人對談，但我更享受廣播工作中訪問來賓的時刻，我擅長的傾聽、提問、引導、好奇與觀察等能力，幫助我充分融入對談當中。

享受無痛社交時的快感，安靜內向者的人脈與事業經營之道，這本書提供了全面性的解答。

——**謝文憲**，企業講師、作家、主持人

華倫・巴菲特的合夥人查理・蒙格曾經提過：「我這輩子遇到的來自各行各業的聰明人，沒有一個不每天閱讀的——沒有，一個都沒有。而華倫讀書之多，可能會讓你感到吃驚，他是一本長了兩條腿的書。」
內向特質裡的善觀察、沉靜，以及對知識的渴求，成就了巴菲特的價值人生。他常一個人靜靜地在書房或辦公室度過，他的成功飽含著枯燥，甚至孤獨的時光。
他的紀律與睿智，帶領著波克夏公司挺過風暴，迎來價值倍增的榮景。
這世界少了內向企業家，也就少了這號傳奇人物與公司。
——**洪仲清**，臨床心理師

本書不只適合內向的職場工作者、經營者、創業家閱讀，裡頭分享了許多向內探索、向外發聲之觀念，橫跨壓力調適、職場文化、自我經營等向度，非常適合一直想起身做點什麼，卻時常裹足不前的職場新鮮人細細閱讀。
——**蘇益賢**，臨床心理師

書裡充滿處於各發展階段的企業家故事，以及可據以為行動的建議。對選擇跟從心中的創業願景，開拓出獨有道路的內向人士來說，本書資訊彌足珍貴。
——**蘇珊・坎恩**（Susan Cain），安靜革命公司（Quiet Revolution LLC）共同創辦人、《紐約時報》暢銷書《安靜，就是力量：內向者如何發揮積極的力量！》（*Quiet: The Power of Introverts in a World That Can't Stop Talking*）作者

身為資深的內向創業家，我很興奮能為其他像我一樣的人找到一套資源工具。本書讓你知道如何走自己的路並同時守住真我。你不用咆哮，也不用出席那些無趣的「經營人脈」活動，也能創業有成。
——**克里斯・古利博**（Chris Guillebeau），《紐約時報》暢銷書《3000元開始的自主人生：50位小資創業老闆的實戰成功術》（*The $100 Startup*）、《追尋吧！過你夢想的人生》（*The Happiness of Pursuit*）作者

我一直都很愛聽貝絲·碧洛互動性強的網路廣播。本書真是一場豐富的饗宴，我們全都從這本妙筆生花又務實好用的書裡學到很多。如果你認為只有外向的人才能從事銷售或領導成功的企業，讀過這本《我們安靜，我們成功！》後你會改變想法。想要加入陣容愈來愈龐大的企業家行列嗎？本書是你手邊必備的權威指南。
——**珍妮芙·凱威樂博士**（Jennifer B. Kahnweiler），《用安靜改變世界：內向者的天賦、外向者的潛能，影響他人的6種內在力量》（*Quiet Influence*）、《內向工作人的沉靜競爭力：幹掉獅群的小綿羊》（*The Introverted Leader*）、《天才如何找搭檔》（*The Genius of Opposites*）作者

我一直在追蹤碧洛的研究，之後又讀了她的《我們安靜，我們成功！》，我發現我和內向者的互動方式有很多都是以我的偏好為根據，而沒有考慮到他們。現在我更理解他們了，於是我改變風格，和他們溝通時也能獲得更圓滿的結果。這本書一直放在我的書桌上，是我很寶貴的參考資料。
——**克里斯多福·佛萊特**（Christopher Flett），鬼才執行長顧問公司（Ghost CEO）創辦人、《男性不對女性坦白的企業事》（*What Men Don't Tell Women About Business*）、《市場大鯊》（*Market Shark*）作者

身為內向的人、企業家兼業務員，我一直沒有意識到自己在等這樣一本書的誕生。貝絲·碧洛為那些被貼上內向標籤、但熱切想要讓企業壯大的人提供了至為重要的指引與鼓勵。
——**約翰·杜爾**（John E. Doerr），潤雨集團（RAIN Group）共同總裁、《洞見銷售：讓人訝異的研究，剖析銷售冠軍的差異性作為》（*Insight Selling: Surprising Research on What Sales Winners Do Differently*）作者

貝絲．碧洛這本珍貴的著作是你的口袋教練兼精神導師，突顯你的優勢，促成你的創意思考，並在這一路上（安靜地）為你加油，按部就班，讓你實踐創業夢。從反思到行動，從你的懼惑疑（恐懼、迷惑、懷疑）到你的成功觀點，碧洛激勵你拿出最好的一面。

——**南西．安克薇姿**（Nancy Ancowitz），《內向人士的自我推銷》（*Self-Promotion for Introverts*）作者

終於有一本談創業的書讚頌內向企業主的天賦、技能與優勢。無論是哪一種企業類型，書中的故事、工具與架構都能為內向者提供指引與支持，成就高效、永續的企業成長。

——**潘蜜拉．史蘭**（Pamela Slim），《工作主體》（*Body of Work*）、《創業是人人必備的第二專長》（*Escape from Cubicle Nation*）作者

在本書中，碧洛帶領你踏上一段壯闊的旅程，拆除每一條具有毀滅性效果的自我設限信念；這些是我們多數的內向者都有、懷疑自己成不了成功企業家的想法。本書是為安靜的領導者帶來力量的勝利。

——**羅利．魏登**（Rory Vaden），《紐約時報》暢銷書《拾級：締造真正成功的七步驟》（*Take the Stairs*）、《贏在拖延術：把拖延用在對的地方，反而讓你更有效率》（*Procrastinate on Purpose*）作者

有哪個內向的夢想家會不希望有一位聰明、成功的導師就安坐在自家安靜的客廳裡呢？貝絲．碧洛就是最佳人選，而她的這本《我們安靜，我們成功！》，直抵內向者安身立命之處：內心，以及他們的希望、恐懼和疑問。這是一本不可或缺的指南。

——**羅莉．海爾格博士**（Laurie Helgoe），《一個人的狂歡：內向性格的力量》（*Introvert Power: Why Your Inner Life Is Your Hidden Strength*）作者

碧洛懷抱著智慧與仁心，不僅教導內向的人如何撐過嚴峻的創業期，更讓他們知道自己獨特的天賦與安靜的力量可以幫助他們活得好、活得成功。

——**蘇菲亞・當布林**（Sophia Dembling），《內向者之路》（*The Introvert's Way*）、《在愛裡的內向人士》（*Introverts in Love*）作者

也該是承認商業世界長久以來貶低內向特質的時候了。外向的人也應試著更像內向的人。本書是一本實務指引，協助內向者善用他們的天賦與創業精神。

——**《華爾街日報》**（*Wall Street Journal*）

雖然內向的人不愛曝光，但他們也可以成為創新的企業家與審慎的領導者。

——**「富比士」網站**（Forbes.com）

創業的心理代價極高早就不是祕密，而內向的人藉著觀察自己的敏感度和經驗，實際上或許更能做足準備，加以因應。

——**「企業」網站**（Inc.com）

無論你的專業是什麼、有什麼抱負、年紀幾歲，內向的人永遠都可以在這本明智、可親的書裡找到寶貴的忠告和指引。

——**《成就雜誌》**（*Success Magazine*）

碧洛是一位專業輔導教練，也是「內向企業家」這家顧問公司的創辦人（她也製播同名網路廣播節目），在這本贏家創業手冊中，她提出理據指出對內向人士友善的創業方式，包括因應喧囂職場、推銷和經營人脈的技巧。

她認為，只需要審慎地規劃，內向人士必定能成功打造出強調真誠與交流的企業，又不至於讓創業吸乾他們所有的精力，或讓他們覺得必須用放棄自己的靈魂來交換。

碧洛以熟練的筆鋒和滿懷的憐恤之情暢談和這種個性有關（據估計，內向的人約占總人

口的一半，但他們通常被外向的人忽略，被邊緣化）的基本命題，並針對成功創業提出建議，涵蓋了高階議題以及一般瑣事。她說明了如何經營人脈和自我推銷、面對恐懼和疑惑、找到自己的心聲、協作、留在舒適圈又能成功，以及如何推銷自己與產品，最後一項任務是內向人士最難面對、也最難有成就的難題之一。

這是一份審慎、善意且實用的指引，嘉惠所有尋求自行創業、但又擔心自己對於獨處時間的需求會構成障礙的人。

——**《出版者週報》**（*Publishers Weekly*）

貝絲．碧洛這本書討論一個錯誤的假設：「創業的成就專屬於外向人士。」

她指出有很多非常成功的企業家都是害羞的人，比方說華倫．巴菲特、比爾．蓋茲、賴瑞．佩吉，並在書中提供心得建議，讓內向的人善用自我優勢（喜聽不喜說、貫徹始終、願意交付），創造出外向對手也做不到的成就。

碧洛的書很有趣，因為本書揭露了數位趨勢如何扭轉商業世界：部落格、臉書和LinkedIn 讓不諳社交的人無須離開電腦即可創建網絡與創造機會。天佑科技怪才，他們應該繼承這個世界。

——**《獨立報》**（*The Independent*〔UK〕）

她的書努力協助愈來愈嘈雜的商業世界裡的內向人士。因為，如果你是要費盡心力才能適應大群體的人，你要如何在會議上傳播你的想法？你要如何才能懷抱著熱情和信心去經營人脈？

——**《電訊報》**（*The Telegraph*）

我們安靜，我們成功！

內向者駕馭溝通、領導、創業的綻放之路。

前言

你本身就是一個活生生的衝突。一方面，你很內向，你喜歡有大把的獨處時光。你享受長時間不受打擾，好讓你能夠專心。對於你喜愛的事物，你重視深度而非廣度。

但另一方面，你又是企業家，你必須經常和員工、夥伴、客戶、顧客互動。你必須讓大家找得到你，也必須回應他人，就算不那麼方便時也一樣。你必須身兼數職，從產品開發、社交媒體到財務，什麼都要管。

一個人要如何同時處理好這兩個面向還能保有理智？本書試圖回答這個問題，並為身為內向企業家的你提供各種工具，不僅能讓你神清氣爽，還能幫助你打造出滿足你精神需求的企業。

自二〇一〇年以來，我輔導過許多內向企業家，他們都擁有自己的事業，有些人是「內部創業者」，在大企業裡承擔創業的角色，我看到他們一再面對某些類型的挑戰。以下就是我的客戶經常會提到的難題：

經營人脈：這件事很耗神／大家不斷地向彼此推銷自己／這類場合充斥著客套寒暄、胡扯閒聊，以及隨口說說的聚會邀請

推銷：我不擅長推銷／我怕死了打電話／我怕打擾別人／我聽到「銷售漏斗」（sales funnel）一詞就想逃跑

自我推銷：我很難侃侃而談我在做什麼／我無法自吹自擂／我不想被當成愛誇耀或傲慢的人

協作：我都盡可能等到最後一刻才開口求助／要把人帶進我的企業，還要敦促他們加快速度，這當中要做的事很多／如果我和人合夥，我擔心我們的個性會彼此衝突

精力：我應該要多出去走走，但這讓我非常疲倦／我需要很長的停工休養期，才有精力去經營人脈與行銷我的企業／我的時間總是不夠，無法做完這些事

這些企業家並非抱怨或發牢騷，他們只是注意到某些事情令他們耗盡心力，阻礙他們前進。這些挑戰並非內向人士專屬，但這類型的人體驗與安度挑戰的方法很獨特。

內向者的運作方式是由內而外，面對內向本質與創業熱情之間的拉扯，內向者會把這件事內化，加以分析，有時候甚至因此動彈不得。

我有熱情、毅力和知識，但長久以來，我都在外向者的陰影之下，很難踏出陰影走到陽光下。

——安靜空間設計公司（Quiet Room Designs）負責人海倫・桑德森（Helen Sanderson）

本書不做其他討論內向或創業的書做過的事。這本書將從內向者的觀點討論多項和經營事業相關的主題，包括你的個性與精力在建立可長可久的事業上扮演什麼角色；恐懼、心態、失敗與自我管理；價值觀的認同；經營人脈、行銷與銷售；打造社群，以及合夥和擴張。

本書將直接迎戰一項錯誤卻廣為人們接受的假設——創業成就是外向者的專利品。

本書要分享某些內向人士的故事和他們的心法，這些人對抗前述的假設，成功創業，並過著與他們的天生精力相得益彰的生活。

本書不把內向當成一種缺點（社會上多半用這種態度看待內向），而是為想要培養與擴大自己內在天生優勢的內向企業家提供一張地圖。

包括內向者自己在內，許多人可能都不知道典型內向者的優勢與特質（好奇、追求深度而非廣度、獨力行事、謹慎仔細、內省反思，而且熱愛研究）可在創業時助他們一臂之力。

內向企業家隨處可見，例如比爾・蓋茲（Bill Gates）、賴瑞・佩吉（Larry Page）、馬克・祖克伯（Mark Zuckerberg）、傑佛瑞・貝佐斯（Jeffery Bezos）、謝家華（Tony Hsieh）、蓋伊・川崎（Guy Kawasaki），以及其他許多扭轉我們生活的企業家，他們不是假扮成外向的人，而是將自己的內向優勢用在創業上。

試著假裝自己很外向的人叫「假性外向」。如果你選擇用這種心態來經營事業，那無法解決問題，徒然讓你在個人面與公眾面之間不斷拔河而已。

《我們安靜，我們成功！》認同你在創業過程中可能會遭遇到某些特定的障礙，但也採用一種優勢導向的方法，讓你成為成功的企業家。

從很多方面來說，你的內向是這個崇尚外向的世界無法清楚看見的寶貴資產。比方說，你或許可以用以下幾項正面特質來看待自己：

- 有能力聚焦與發展出深入的理解
- 能夠獨立思考與行動
- 能夠傾聽他人並在私密層次與他人建立關係

．具備活潑的想像力與強烈的創意氣質
．在好奇心的驅動之下渴求知識
．混亂時仍能保持冷靜、從容自持
．願意把其他人以及他們的願景放在聚光燈下

你可能讀過一、兩本概括性地談論創業基本要點的書，但本書把重點放在你和這些基本要點之間的關係，這是一條至關重要的連結。這本書要處理的是你常常聽到的喟嘆：「我知道該怎麼做，但為什麼我就是提不起勁？」

我們或許會受到激勵，也能因此感到興奮，但就是缺少實際的熱情。**內向的人要成功實踐，關鍵在於契合自身的精力與優勢。**

內向的人選擇創業的理由之一，是這樣一來他們才能真誠地生活與工作，堅守他們自己的規則……但，這些規則很多都是外向者訂的。當手邊的資訊大多來自外向者的架構，要打造一個長久的事業，強調真誠、個人關係與專業關係以及精力管理的同時，又能善用內向的優點，是很困難的事。

本書的宗旨便是要填補上述的資訊落差。

我們不會深入探究研究報告或統計數據，市面上已經有大量的資源，出色探討了內向或創業的機制。反之，我們要倚靠的是實務建議、個人經驗，以及內向企業家在創業過程中一步一腳印悟出的心得。我們要剖析每一天都會面對的恐懼、挑戰與契機。

我要請大家把這本書當成你個人的教練、導師和參照現實的資源。這本書有一部分的作用是當啦啦隊長，有一部分是要輕輕地把你推下懸崖。你可以每讀一章就細思慢想，也可以一口氣讀完整本書。請盡量善用本書的線上資源。有許多人透過這本書向你提供他們的智慧，向他們伸出手吧。還有，就像你得到所有關於內向者的人生或創業的建議一樣，本書的內容有些你讀來會大呼暢快、深得你心，有些則否。請取走有用的，放下無用的。

在每一次的成長機會中，你投入多少就會得到多少。我已卯足全力，把我在理性面與感性面上最好的部分都傾注到這本書中，我也希望你能這麼做。

CHAPTER 1

你也是內向者或內向企業家嗎？

——Introversion 101: What Does It Mean to Be an Introvert and an Entrepreneur?

◎破除刻板印象

幾年前的一個傍晚，我參加一場我所屬的專業教練協會主辦的活動。我的座位被排在一位同僚與他的夫人旁邊，我們開始針對這場活動以及我們都認識的人聊了起來。之後，話鋒一轉，無可避免地聊到我們的工作。這位同僚的妻子告訴我她是學校老師，並問我是否和她的丈夫一樣，也從事教練輔導的工作。我說：「是的，而且我特別擅長和內向的人合作。」她對於我的話感到好奇，於是我說明為何內向的人在偏外向的社會中做事時會面對特有的機會與挑戰。她客氣地聽我說，之後問我：「那你是內向的人嗎？」我回答：「九成九算是吧！」她大吃一驚。「但你不可能是內向的人！你不就在和我聊天了！」

你碰過這種事吧？媒體、甚至自家親友流傳一種說法，如果你是內向的人，你很可能就是一個羞怯、不善於交談、孤僻、抑鬱、沒太多朋友、怪胎，甚至是伺機而動的連續殺人犯。以上，以及其他更多的誤解，都是一般認為內向的人應該如何如何的迷思。雖然這幾年有些進步，但仍有太多負面的刻板印象附著在「內向」這個標籤上。人們對於內向的人所做的假設範圍甚廣，包含無害的害羞，一直到有害的罪惡。

我們現在處於劇變之中，大家已經更了解，也更能接受內向。長久以來，我們活在陰影之下，受盡刻板印象的質疑。這些刻板印象或有事實根據，但都不當地以偏概全。作家兼運動人士喬納森．勞赫（Jonathan Rauch）說過：「在所有的覺醒運動中，第一步就是接納刻板印象，第二步則是要超越刻板印象。」

必須盡快拋去這些不太讓人愉悅的認知並超脫刻板印象，秉持著這樣的精神，讓我們更貼近檢視身為一個內向的人，到底代表什麼意義。

◎內向者無須再假裝

理解內向的真正定義，可以帶來強大的力量與自由。

然而，由於多數人尚未充分理解內向，我們會發現自己必須捍衛或切割對我們來說自然而然的選擇。即使是愛我們的人，都會認為我們有些部分需要「改進」一下。他們鼓勵我們走出自己的殼，要我們別害怕把話說出來。我們會判定他們或許說得有理，但事實上我們是這樣想的：「說不定我很愛我自己的殼呢？」以及「我不是害怕，只是此時此刻我沒什麼好說的。」

我們開始懷疑自己與自己的社交技能，並將「一直假裝到真的很熟練」當成我們應付一切的座右銘，從生日派對到社交活動皆然。

然而事實是，內向和社交技巧無關，關乎的是一個人如何獲得與消耗精力、如何處理資訊，以及如何和這個世界建立連結。

當內向企業家要回歸自身的力量、宣告個性中的天賦優勢時，說清楚內向是什麼很重要。瑞士心理學家兼精神病學家榮格（Carl Jung）在一九二〇年代初期提出內向（*introvert*）與外向（*extrovert*）這兩個詞。[1]

在一九一〇年代，榮格原本是佛洛伊德（Sigmund Freud）的學生，師生兩人後來有了爭執，他們各自用不同的方法和這個世界產生連結，以及傳達想法。榮格對於兩人的差異甚感興趣，並踏上一段追尋之旅，探查兩人之間的差異性根源何在。他發現，這和他們對世界的態度導向有關，榮格是內求的，佛洛伊德則是外放的。根據榮格的定義，內向是「一種心理上的導向，把精力、能量導向內在世界。」[2]

這是內向最初的正式定義，但內向的人自有一套說法來解釋自己的個性。我曾經針對內向企業家進行調查，他們提出以下的見解，說明他們如何定義內向：

大量的社交互動後，我們會精疲力竭。大學時我學到的定義是，內向的人在和人互動之後會感到很疲憊，外向的人反而會因為和他人互動而得到能量。我當時很難相信，真的會有人在職場上打了一天硬仗之後，還會想要出去參加派對或和什麼人聚聚，好讓自己覺得舒服一點。我到現在還是很難相信有這種事。

我們有時候花更多力氣不被人看見，即使被人看見比較省事。求學時，我費盡心思「不」在同學面前發言，雖然硬著頭皮上場會輕鬆得多。我很多科目不及格都是因為不願意在大家面前發言，我寧可寫長篇報告。

我們在內心處理資訊。內向的人很內省，具備絕佳的反思能力，而且事實上具備絕佳的溝通能力，因為我們基本上是很好的聆聽者。整體上來說，很棒。

1. 卡爾．榮格（C. G. Jung），《榮格心理類型》（*Psychological Types*），H．G．貝恩斯（H. G. Baynes）譯（倫敦：Kegan Paul Trench Trubner出版社，1921年）
2. 達瑞爾．夏普（Daryl Sharp），《榮格詞典》（*C. G. Jung Lexicon: A Primer of Terms and Concepts*）（多倫多：Inner City Books出版社，1990年）

我們享受獨處。內向的人能自得其樂，享受能獨自進行的活動。

我們需要獨處。內向的人需要獨處，好為自己重新充電。

我們把焦點放在自己身上。內向是比較喜歡沉溺在自己的想法與感覺當中，勝過與人們以及他們的想法和感覺共處。認同這一點之後，我就能生出最豐沛的精力，享受和他人共處時的對話與友誼。

我有一位朋友說，內向的人獨處時「快樂似神仙」。外向的人經歷過十五分鐘的獨處之後很可能會覺得不安或寂寞，如果沒有適量的社交互動來平衡一下獨處，會更加嚴重。

除了榮格的理論之外，德國心理學家漢斯・艾森克（Hans Eysenck）一九六〇年代所做的研究，也為內向與外向的定義提供了生理學的基礎。[3] 艾森克發現，內向的人與外向的人對刺激的反應不同。內向的人天生皮質層激發程度較高，這表示他們比外向的人更快到達刺激飽和點。[4] 這一點可以解釋為何大型社交聚會或嘈雜的環境對於內向的人來說很有壓力。這看來和榮格的精力論相輔相成：我們這種內向的人在高刺激的環境下耗盡心力是有理由的，因為我們的迴路此時已經過度負載了。為了補充能量庫，我們需要限制外部刺激的輸入量。

本書通篇在討論內向這件事時，會明確地聚焦在表面。熟悉榮格的研究以及麥布二氏心理類型量表（Myers-Briggs Type Indicator）深度精髓的人，會了解若更深入了解其他心理面的功能如何影響我們的內向，內容極為龐雜豐富；若想進一步了解，請讀大衛・凱塞（David Keirsey）與瑪莉蓮・貝茲（Marilyn Bates）合著的《請理解我》（*Please Understand Me*）。[5] 以偏概全，說所有的內向人士都是怎麼樣或都不是怎麼樣，是很危險的事。當你閱讀本書或其他在談內向或人格特質的書時，請記住，你會發現很多的說法成立，很多則否。有很愛經營人脈、一次又一次經歷銷

3. 漢斯・艾森克（Hans Eysenck），《奠基於生物學的人格論》（*The Biological Basis of Personality*）（伊利諾州春田市：湯瑪斯出版社，1967年）

4. J・班寧頓-卡斯楚，〈內、外向者的成形科學〉（"The Science of What Makes an Introvert and an Extrovert," io9, September 10, 2013, io9.com/the-science-behind-extroversion-and-introversion-1282059791.）

5. 大衛・凱塞（David Keirsey）、瑪莉蓮・貝茲（Marilyn Bates），《請理解我》（*Please Understand Me*）（加州德爾馬爾：Prometheus Nemesis Book出版社，1984年）

售流程或是在毫無準備之下發表演說的內向人士，也有害怕這些活動、但想要發展出相關技能以利實踐自身願景的內向人士。無論你落在光譜的哪一點，總是有的時候內向是優勢，但偶爾又變成一種挑戰。你的力量蘊藏在你的認知、以及你如何根據這些認知行動當中。

如以內向或外向的標準來分，多數的人都大概可以很清楚地歸類在這一端或那一端，即便如此，我們每一個人都有這兩種面向的某些部分，問題只在於什麼多一點，什麼少一點。內向的人會有一面是外放的，他們能從互動當中獲得活力，也喜歡暢談挑戰以便解決問題。外向的人會有一面需要休息、反省，藉由安靜的時光與獨處重新充電。你大致上可以說得出你天生的個性中哪一邊主宰哪一邊。獨處也好，社交也好，你通常會偏好某一類激發活力的活動，你天生就容易沉溺在其中。

有趣的是，我常聽到人們的自我觀察，說他們在逐漸成長的過程中變得更內向。可能他們覺得不再需要表現或證明自己，或者是他們玩派對也玩夠了。可能是他們對於社會中無處不在的過度刺激產生了反動，想要抽身。無論理由為何，這些都是人云亦云式的證據，指向雖然人天生就有比較內向或比較外向的差別，但是隨著年齡漸長，內向或外向的程度可能會有所改變。

有一件事我想先說個清楚明白：承認自己是內向的人並不是在頭上貼上一個標籤，或是把自己局限在某個小小的框架中，而是找到另一項資訊幫助你更了解自己，讓你更忠於自我，並順勢打造出成功且能永續經營的事業。

其他內向人士的特質和偏好還包括以下各項（這是一份概括性的清單，內向有很多種不同的變形體和程度，一如內向的人也各有不同）：

- 喜歡用書寫而不是談話來表達感情
- 擁有少數精選的深刻、親密友誼
- 不喜歡閒聊
- 樂於自省反思
- 公開與私下有不同的人格

◎內向者都是人格分裂？

清單上的最後一項最容易讓一般人弄錯。內向的人不見得有明顯的人格特質，內向的人不會在身上披著寫有「我很內向」的紅布條。他們常常提到工作時需要披上外向的外衣或戴上面具，不工作時才褪下來。這不是說他們人格分裂或者你在公眾場合中看到的不是「真實」的他們，這單純是因為許多內向的人長期下來已經學會管理自己的精力能量，以適應情境。他們知道如何從事社交或隨遇而安，在此同時又能照顧自己以及本身的需求。

這無疑是一種平衡式的做法。當我們踏出去自己的世界，進入由外向者主導的世界時，我們身上某些偏好或傾向很可能造成阻礙。

事實上，據估計，內向者在總人口中占了一半。[6]那麼，為何內向的人自覺是少數？強勢文化偏愛外向的行為（至少在美國是如此）。我們不斷面對要從事社交的壓力：要參加派對，結交一大堆朋友，要風趣、聰明並在派對上成為靈魂人物。如果你是企業家或是背負積極進取期待的新創事業中階經理人，壓力更大。很多人對我們說，如果我們想成功，必須持續從事業務開發，這表示，我們要把很多時間花在經營人脈、自我推銷、協作、公開演說，推銷、推銷再推銷。

當我們檢視身為內向企業家的各個面向時，我們會把時間花在這些領域的細節部分。在此之前，我們先來探索一個內向的人通常自認不善此道、卻是極寶貴創業資產的領域：溝通。

◎內向的人更懂得三思而行

凱文：我講話時，有時候嘴巴追不上想法。我不知道為什麼我們的思考比講話的速度快。

跳跳虎：可能因為這樣我們才可以三思。

——比爾・華特森（Bill Watterson），《凱文與跳跳虎》（*Calvin and Hobbes*）

常有的情況是，當人際關係破裂時，每個人都把問題歸咎於單一對象：溝通（或者說缺乏溝通）。凱文和跳跳虎之間的對話，完全突顯了為什麼人和人之間會有這麼多問題：我們的想法與說出口的話不見得總能協調一致，好讓每個人都滿意。

6. I・B・邁爾斯（I. B. Myers）、M・H・麥克利（M. H. McCaulley）、N・L・昆克（N. L. Quenk）、A・L・漢莫（A. L. Hammer），《MBTI手冊》三版（*MBTI Manual: A Guide to the Development and Use of the Myers-Briggs Type Indicator, 3rd ed.*）（加州帕羅奧圖：Consulting Psychologists Press出版社，1998年）

為什麼會出現交叉信號與誤解，原因眾多且複雜。指其根源在於內向者和外向者的溝通差異，是過於簡化的說法。然而，很多因溝通不良而導致的摩擦（以及想像）都可以減緩，前提是我們必須對每一個人的思考與說話方式有基本的理解。

我們之前提過，內向的人會從獨處當中獲得能量，並因為過多的社交互動而耗神。反之，外向的人會從和他人相處與互動當中獲得能量，獨處太久對他們來說乏味又無聊。

這兩種個性差異還有另一個重點，那就是他們處理資訊的方式不同，而這又會影響他們與他人的互動。

內向的人在內心處理資訊，他們主要的資訊來源和參考點來自自己的內心。這不表示他們只關心自己或是不在乎別人，他們只是最仰賴內心的想法作為指引。舉例來說，當內向的人接收到資訊時，他會先收好並在心裡反覆思考，一直到確認正確之後，才會向全世界揭曉。

外向的人比較仰賴外部的刺激為他們的觀點和選擇提供資訊，他們多半透過口語來處理資訊：他們不會花太多時間安靜沉思，他們希望拿出來討論。具體來說，當外向的人面對質疑或必須做決策時，他們會把其他人拉進來一起腦力激盪或討論。

◎內向者和外向者的溝通落差

我知道你相信你了解我說的話是什麼意思，但我不確定你明不明白你聽到的話可能不是我說的意思。

——羅勃．麥克羅斯基（Robert McCloskey）

你可能至少會看到一種內向者和外向者之間因為溝通差異而在職場或家庭引發問題的模式。我們就來看一幅尋常的場景：外向的主管想要召開團隊會議以解決剛剛發生的問題，團隊裡有內向的人，也有外向的人。主管決定要用自由發言的方式討論問題，期待會後馬上就能有所行動。

外向的人立刻跳進來，開始腦力激盪並大聲說出想法。他們的思考和說話的運轉速度幾乎少有時間差，甚至可以說是無縫接軌。這時候，內向的人還在消化資訊並在心裡反覆思考，前思後想各種場景與解決方案，在他們開口之前，可能已經想過並已排除好幾個點子了。他們不會想到什麼就說什麼，他們會等到有完全成形的構想之後才開口。

會議持續進行，外向的人都講完了，會議即將結束。內向的人可能有、也可能沒有機會插話（他們不喜歡打斷別人，因此最好主動問問他們在想什麼），其中幾個人選擇在會後和主管或其他關鍵人員一對一會談。

外向的人就好像本節開頭引言中的凱文，喜歡搶先發言而非搶先思考，內向的人就像跳跳虎一樣，會多思考幾次。

用另一種方式來說，內向的人多半會三思而行，這一點可能會讓兩種不同個性的人都不耐煩。外向的人希望內向的人快點說出想法，內向的人則希望外向的人慢一點，留點空間讓他們多多思考。若不了解這樣的傾向就像棕眼或金髮一樣都是天生的，人們可能終其一生都認為內向的人就是行動緩慢、裹足不前，外向的人則是喋喋不休、停不下來。

◎終結溝通落差

斑馬雖無法改變自己的斑紋，但可以適應環境，不僅能活下來，還能活得很好。以下有幾個小訣竅，可以在溝通不良的時候幫忙緩和情勢。

和內向的人談話時：

- 給他們足夠的時間，讓他們徹底想過疑問或問題。如果可能，別要求他們在眾目睽睽之下快快提出一個答案。
- 盡可能預先提供詳盡的情境相關資訊，並準備好回答問題。內向的人喜歡做好準備並知道別人有什麼期待。問問看他們是否比較喜歡書面資訊（太多大聲說出口的資訊對他們來說很可能變成過度刺激）。
- 你可能會發現團體討論時你需要特別點名內向的人。你可以提問：「你有沒有什麼要補充的？」或者「喬伊，你有什麼看法？」提問時避免特別讓人注意到他們相對沉默，例如，別說：「你一直都安安靜靜不說話。」內向的人表面上看來很安靜，很有可能因為他主動傾聽並在腦海裡建構回應。不要針對他的沉默特意編造故事、做出假設或是其他判讀；你提問就好。
- 自在面對停頓、長時間的沉默以及非口語線索。和內向者對話時的速度會讓人覺得不太一樣，這是因為他會先想一想才把話說出口。一旦他開始說話，請自制，不要打斷他，讓他把話說完。

和外向的人談話時：

· 給他們時間和空間可以把話大聲說出來，要有耐心面對他們投射出的高速能量。這是他們得出結論的方式。

· 仔細傾聽並做好準備，若你需要提出意見時請打斷他們。外向的人不一定會停下來或留空間給你。必要時要主動跳入，並利用肢體語言強化你的論點。

· 了解外向的人是利用說話來思考。對話結束後經過一段時間，他們可能會改變心意；請針對這一點做好準備。

· 要知道他們會根據外部的回饋做出決策，因此你要直接主動。請以你覺得自在而且外向的人可以吸收的方式提供回饋。

· 問問看他們需要什麼資訊。很可能，他們需要的是情境的梗概或摘要，而不是大量的深度資訊或細節。

理解並尊重溝通風格的差異，對於建立正面且有益的關係而言至關重要。若少了這層理解，我們會對人不對事做出假設，並錯誤解讀對方說的話。耐心很重要，給對方空間也一樣，容許他們可以說：「你知道，我需要一點時間想一下，之後我會回去找你。」或者：「如果可以讓我整個說完，你只傾聽就好，這樣會很有幫助。」

當我們知道哪種方法對自己有用時，就可以開口要求自己想要的方式。有時候，只要這樣做就可以阻止不良溝通冒出頭來。

◎內向企業家的優勢

內向的人，盡情歡呼吧！接下來你將會了解你個性中最棒的部分是哪些，並等著你向全世界展現。

我喜歡把這些優勢稱之為內向人士的「祕密超能力」。為何說是祕密？因為我們所在的外向世界瞬息萬變又喧鬧嘈雜，我們的超能力通常都在幕後安靜地發揮力量，不為人知，其他人也看不到。

實情是，世界上有些名聲最響亮、最富裕且最成功的人都是內向的人，幫助他們達到這種地位的，正是他們的超能力。

想一想以下這些家喻戶曉的人物，比爾·蓋茲、華倫·巴菲特（Warren Buffett）、嘉信理財集團創辦人查爾斯·舒瓦伯（Charles Schwab），以及史蒂芬·史匹柏（Steven Spielberg）、麥可・喬丹（Michael Jordan）和茱莉亞・羅伯茲（Julia Roberts）。沒有人會認為他們是羞怯、表現不佳的人，對吧？但他們都自認是內向的人。

也有些內向的人創辦了某些最成功的社交媒體網站，例如，祖克伯創辦臉書（Facebook）、傑克・多西（Jack Dorsey）創辦推特（Twitter）、佩吉創辦了Google。還有，雖然我還沒有得到決定性的證據，但很多信號指向歐巴馬（Barack Obama）總統也是內向大軍中的一員。

這些人的共同之處，就是他們把內向的優勢導引到自己的超能力當中，以便在喧鬧的世界裡有所成就。他們怎麼做到的？一開始是要先找到這些優勢。

相對於外在現實，內向的人專注於從內在的自我現實獲得能量與洞見，從這樣的定義出發，我找到四項有助於我們成功的內在者「自我」優勢：

- 自謙
- 自立
- 自持
- 自省

當你閱讀以下的說明時，請想一想這些優勢如何在你身上呈現，以及如何支持你達成專業目標。你可能會很驚訝地發現，你認為理所當然的特質竟然如此重要，可以幫助你脫穎而出、引領眾人。

自謙

內向的人多半不想成為天王巨星，很多時候，我們甚至不想站在聚光燈下。但這並不表示我們很害羞或是我們不喜歡領導階層的職務，反之，我們擅長的是《從A到A+》（*Good to Great*）作者吉姆．柯林斯（Jim Collins）所說的第五級領導（Level 5 Leadership）。柯林斯和他的團隊認為，第五級領導者「兼具兩種矛盾的特質——謙沖為懷的個性和專業堅持的意志力。他們當然雄心勃勃，但是一切雄心壯志都是為了公司，而非自己。」

第五級領導者也展現了驚人的謙沖，自牧而低調。其他用來描繪這些人的詞彙包括安靜、固執、謙虛、害羞、有所保留、溫和、和藹、冷靜以及願意和人分享功勞或是把功勞轉給別人。

這些用詞聽起來是不是很熟悉？

應該是，因為這些通常都和內向者的特質相連結！

雖然柯林斯從未用過內向一詞來描述這群人，但是他的研究顯示在第五級領導者身上不斷地展現出內向特質。這代表內向的人有能力成為非凡的領導者。

自立

內向的人從內心尋求精力來源，因此我們最好的朋友通常是自己。當我們要下定決心或補充自身的能量時，無須仰賴物質或外在刺激。這不代表我們不會受到環境或是周遭的人的影響；這只是代表我們會接收訊息、用自己的過濾機制篩選，不會照單全收。我們堅守自己的安全、價值觀以及我們心中的能量，這些構成了明確的獨立、自立等特質。

我猜，無論說出「如果你想把事情做好，你就自己來」這句話的人是誰，他必定是個內向的人！

在愛默生（Ralph Waldo Emerson）所寫的〈自立〉（Self-Reliance）這篇短文中，就多次提到內向傾向的美好之處，其中一個範例是：「跟隨眾人的意見在這個世界上過活很容易，跟從自身的意見隱世而活也很容易，但偉大的人是在群眾裡仍能保有獨處獨立的美好之處。」

自持

自持這種超能力會和自立相輔相成。《柯林斯英語辭典》（*Collins English Dictionary*）將自持（self-possessed）定義為：「具備或展現對自身感受、行為等等的控制力；沉著的；泰然自若的。」對內向的人來說，具體而言這代表我們能完全掌握自己的想法和感覺。

回過頭去對照柯林斯以及他所說的第五級領導，多數高效的領導者在他人眼中都是冷靜且能控制自我情緒、想法與行動的人。內向的人在心裡處理資訊，而不會透過大聲說出來的方式思考。在這方面留點空間並容許想法短暫掌控我們，內向的人可以在混亂的局面中保持冷靜，即便在壓力最大的情境下也能夠審慎因應。

自省

如果你是內向的人，你或許聽別人這樣講過你：「你想太多了」，而且不只一次。我確定就有人這樣說我。但，願意自省並向內求以傾聽自己的心聲，是我絕對不願意交換出去的優點。

這並不是說外向的人就不自省或內向的人永遠都信任直覺，這裡要說的重點在於人們用來解決問題的第一反應是什麼。外向的人希望聚集他人、和大家一同反省，提出「你怎麼想？」這類問題。內向的人則會想轉向獨處或者可能和另一個人一起，他們問的問題是：「我怎麼想？」這兩種人都會利用他人的資訊來啟發自己的想法。內向的人比較喜歡深入自我以省思得到的資訊，比較不喜歡集思廣益。

自省這種超能力也出現在我們因應新情境時。我總結一句話：我們內向的人喜歡三思而後行。生活中處處都有各種鼓勵我們「放手去做吧！」的嘉言錦句，比方說，法國作家尼可拉斯・德・尚福爾（Nicolas de Chamfort）便說：「思量通常讓生活變得悲慘。我們應該多行動、少思考，並停止檢視自己的生命。」

要內向的人不要省思，就好像叫我們別呼吸一樣。我們喜歡先環顧四周，再投身其中。我們會衡量期待、慣例與規則。雖然這麼做有時候會阻礙我們（很重要的是，要知道自己是否因為做了分析反而無法行動），但這麼做通常都可以拯救我們，並挽救許多原本可能因為快速倉促的反應而更加惡化的情境。

內向的人會觀察，會等待，我們會等到覺得對了的時候才行動。認同你渴望而且需要反思是一項祕密超能力，會幫助你在正確的時間出現在正確的地方，帶著正確的反應蓄勢待發。

這些僅是內向的人展現優勢的幾個範例。當我們逐一探索身為內向企業家的各個重要面向時，將會強調其他優勢並討論該如何應用。無論目前你在專業發展過程中處於哪個位置，無論你是企業主、大型新創公司的其中一環還是在傳統企業或非營利組織裡扮演創業者的角色，你都會找到可以為你提供支援的建議。當你理解、擁有並善用自己的內向優勢時，新的機會會出現，大門將會開啟，這個世界也將因為你的內在慎思力量而變成一個更好的所在。

◎內向企業家的挑戰與考量

這些優勢也有反面，幾乎每一項都可以逆轉，變成阻礙你成功的絆腳石。每一個懷抱創業心態的人，在踏上創業旅程時都有顧慮與挑戰，內向的人應該特別注意某些領域。你會發現這整本書都在直接處理這些主題，也會放在其他領域的脈絡下來看。

勇於發聲

在過去，多數人都不想真心接受自己是一個內向的人，他們希望能改掉。身為內向的人是一件不好的事，這樣的訊息讓很多人花了大量的精力試著變成外向的人。成果如何呢？除了造就出某些疲憊不堪、耗盡心力的內向人士之外，還讓某些人言不由衷。

內向企業家必須打從一開始就很清楚幾件事——價值觀、目的、目標與願景。釐清這些事之後，你就有能力認同你的本我，才能發出你獨有的聲音並在市場上取得利基。

我最愛的作者之一（她也剛好很內向）安·拉莫特（Anne Lamott）就說了，人生的部分意義，是要取回在邁向社會化過程中遭他人扭曲或抑制的真我。當你安靜下來，當你接受對自己而言、而非對他人而言的真實，就能再度找到真我。

經營人脈

你是一位內向的企業家，你對於自己能做出的貢獻感到興奮。你列出你能提供的服務，你設置公司網站、印製名片、規畫一些推廣活動，你也注意所有法律事項，好讓你的公司正式合法。你坐在家中或辦公室裡舒適安全之地完成這些任務，遠離對你提問、給你建議的人們。但是，總有些日子你要踏出去，成為公眾目光的焦點。你明白人們不會向網站或推銷文宣購買，他們會向人購買，這表示，你必須經常去看看人們，也讓他們看到你。也就是說，你必須經營人脈，而且是很多很多的人脈。

經營人脈在不安指數上名列前茅，其中一個理由是，這通常牽涉到要與我們不認識的人一起從事大型活動。

經營人脈當下只能促成簡短對話與快速聯繫，而且，一般說來，這類活動勞神費心。我聽過很多內向的人訴說：「我痛恨經營人脈！」或者「我不擅長經營人脈。」這些話只不過是讓經營人脈這件事更添壓力罷了。無論如何，經營人脈都是少不了的業務發展活動，因此，我們可以好好學著，用契合優勢的方式去做。第四章會再詳談這個部分。

自我推銷

在內向人士的不安指數排行上，談論自己緊接在經營人脈之後。我們通常比較喜歡把焦點移轉到其他人或其他主題上，以便保有某種程度的個人空間。說到底，如果我們必須談論自己的話，就必須把心裡想的事公諸於世，這代表要開放自我面對批判、檢視與誤解。內向的人過生活的方式是由內而外，對於分享自我內在世界的後果分外敏感。

拉莫特說，我們每個人都體現了自我厭惡與自戀這兩種衝突特質。我們對自我的厭惡（我們會厭惡自我不是因為我們是內向的人，而是因為我們是凡人），是導致我們該推銷自我時卻裹足不前的部分原因。我們的自戀則拉著我們在這個世界上留下印記，告訴世人：「我來過，我要你知道有人做過這件事，而且我要你知道這是我做的。」關於自我推銷，我們希望能在這兩種互相牴觸的特質之間達成一種平衡。適當的自我厭惡可能以謙遜、自謙的方式表現，適當的自戀形式則可能是正面的能量以及我們相信自己可以、也將會達成目標的信心。

能量管理

我們之前討論過，所謂身為內向的人，大抵上的重點關乎我們如何獲得與耗損能量。經營人脈與自我推銷這等業務發展活動，很可能是最耗費心力的任務，需要一定水準以上的社交風範以及維持在「啟動」狀態，這對一般的內向者來說都不是輕輕鬆鬆就能做到的事。我們必須外向（這裡的「外向」是動詞；我們不用成為外向的人），並培養出真誠且強力的個人風範。為了在外經營，我們必須內求、而不外求於任何地方，重新充飽自己的能量，這樣才有足夠的精力撐過下一次的活動或聚會。我們不見得有時間停工休養，如果我們必須在家以外的地方工作時更是如此。我們的家庭生活和職場生活已經混在一起，再也沒有明顯可辨的界線。

剛開始創業的前幾年我們發現自己全年無休，不是坐在電腦面前、參與活動，就是在清空洗碗機或把衣服拿去洗的時候在腦子裡編纂部落格的貼文。社交媒體更是添亂；我們或許不用真的一整天都在人前，但必須不斷地在臉書、推特、LinkedIn、Google+、Pinterest以及各式各樣的虛擬平台上與人交流，任憑「我大笑了」以及「這麼說吧」等訊息傳入我們的安靜腦海。在這方面，也會造成獨處時間太長的問題。過多的社交互動會讓我們精疲力竭，同樣的，如果我們在僅有虛擬聲音的陪伴下長期孤立或獨處，但實際上以心理層次來說卻是長時間叨叨絮絮，我們也會耗盡能量。因此，重點是，如果我們想要經營出成功且可長可久的事業，必須要以刻意且富創意的方式來管理我們的能量精力。

獨力與協作

身為內向企業家，你很可能有明顯的獨立特質，甚至可能引以為傲地認為自己無所不能。甚至，你之所以投入創業，很有可能是因為要逃避比較講求團隊導向的企業文化，你真愛獨力工作的時光。但總有某個時候你明白你必須把別人拉進來，可能是員工、包商、輔導教練或專案夥伴，這些人可以出手，在非你強項的領域幫你一把。或者，他們可以增進、拓展你的專業，把你的訊息帶進新的市場裡。

協作是另一個可能增進、也可能耗盡你氣力的領域，端看你是否以審慎的態度踏入。在協作期間，重點是要培養出信任關係，以透明和主動積極的溝通作為基礎，內向企業家尤其需要留心，要知道如何去找到大好的機會、如何訂下清楚的角色與職責，以及如何在協作較偏社交的面向與獨立作業時間的需求之間求得平衡。

個人面與專業面的永續經營

現代有很多人在談論環境永續。如果你把自家事業想成是一個環境，那麼，你在專業上所作的選擇是否能支持永續經營？更重要的是，內向的你在個人層面上所做的選擇是否能支持永續經營？

在通常極具挑戰性的領域中，即使你自認為在某些領域你是強者，其實你永遠還有成長的空間。我曾經聽過專業演講人派翠西亞．傅立普（Patricia Fripp）提出以下的建議，不管是演講或是創業都適用──擁有天賦是好事，當你能搭配大量的練習，持續不斷地提升技能，就無人能擋了。

我們成功

LAURIE HELGOE

羅莉．海爾格

心理學博士、戴維斯暨埃爾金斯學院（Davis & Elkins College）心理學系助理教授、《一個人的狂歡：內向性格的力量》（*Introvert Power: Why Your Inner Life Is Your Hidden Strength*）作者

問：一般人的認知是內向的人很憂鬱、總是鬱鬱寡歡，因為我們表現於外的快樂程度常常達不到社會的定義。我們如何破除這樣的刻板印象？

美國文化談的快樂，是興致高昂的快樂，是一種高能量的狀態，科學家稱為激動程度高的正面情感（high-arousal positive affect）。這是一種感受，是一種片刻，但不是生活的品質，也不代表很多事。

而且，這也沒有空間留給正向情緒中偏向冷靜的變化形，我們用來描述這些感覺的詞彙包括平靜、冷靜、寧靜、放鬆等等。很有趣的是，我發現，在其他的社會裡，這些激動程度低的正面情感比激動程度高者更受重視，比方說中國和日本等集體主義較濃厚的文化。因此，當一個外向的人進入美國文化裡，這個人會表現出十足的自我良好感，甚於前述文化中的外向者。對我們來說，非常重要的是，要開始檢視我們定義的快樂是多麼狹隘。

問：大家都知道，內向的人愛獨處。能夠獨處的地方，常常是我覺得最快樂的地點之一。你認為內向的人會不會因此獨處過了頭？

有很多美妙的詩文都在談獨處，但有時候獨處糟透了，有時候獨處並不是一個豐富、美好之地。就像我們在社交場合中會閒聊一樣，我們獨處時偶爾也會胡思亂想。我發現，重點是我們慎選要看什麼、要讀什麼，以及要把什麼帶進獨處的空間，藉此充實、滋養獨處的時光。

問：身為內向的人，你最珍惜的是哪一點？

我很喜歡我總是在心裡編故事與觀察。旅遊時，我喜歡體驗身為「flâneur」的感覺，這個詞其實沒有精準的翻譯，大概可說是充滿熱情的觀察者，是一個可以身在其中、但又並非其中一員的人，可以從事觀察，並以比較安靜的方式汲取周遭的能量。只要退開一步，處處都可以是好地方。

CHAPTER 2 ——Fear, Doubt, and Other Icky Stuff Most Entrepreneurs Don't Want to Talk About

恐懼、猶疑，以及多數企業家避談的其他麻煩事

「恐懼阻礙了我的事業成功，影響超過任何其他因素。我花了很多年設法克服（現在也還在奮戰）。」

「我們愈是去談恐懼，它就愈沒有力量掌控我們。」

「我認為，身為內向的人，我們是最嚴厲批評自己的人。」

「當我努力創業時，恐懼是一項我不斷遭遇的障礙。我非常了解恐懼，我每天都在和恐懼奮戰：恐懼遭到拒絕、恐懼成功，諸如此類的。」

當我在臉書上分享，告訴大家我很想針對恐懼（傳統商業書籍多半不會直接探討恐懼這個主題）寫點什麼時，我得到很多「讚」，開頭引用的那些話就摘自我得到的某些回應。每一句話都讓我感同身受，但盛放企業（Business in Blossom）的負責人克勞黛・摩特（Claudine Motto）說的話最讓我心有戚戚焉，她說，生產力的最大阻礙不是臉書、推特、Pinterest 或電子郵件，也不是缺乏完美的整理或歸檔系統，或更快、更炫的筆記型電腦，而是一項不要錢、卻讓我們付出一切代價的因素：恐懼。

總有一個時刻得見真章。內向的人善於思考與規畫、謀畫與夢想……在我們心裡上演的小劇場或是僅活在我們的筆記型電腦裡的情節，到了某個時候必須亮相，必須誕生，不能再留在安全、保護嚴密的地方（雖然在這裡一切都如我們的盤算，每個人都會蜂擁而至，購買我們的商品或服務）。

我們很清楚自己的價值觀、現實與目的，這是好事，我們在第三章中也會討論到，就是這些與生俱來的特質讓實現願景的人有別於空想創業的人。然而，在我們安安靜靜邁向成功之路的過程中，要說有什麼因素可能擋了路，那就是恐懼。

我們可能會判定，自己之所以沒有進展，原因在於工作量太大且要付出過多精力，讓人無法承受。我們沒有夠多的客戶、顧客、時間、資源或金錢繼續經營，經濟環境不好，或甚至連我們是內向的人都是個理由。（這部分第五章會有更詳細的討論。）但是我們不能逃避。在每一個藉口之下，在每一個說法之後，就是恐懼，就這麼簡單明瞭。

如果不願意承認恐懼，就會失足犯錯，而且是一而再。就算是最信心滿滿、最外向的人，也會經歷恐懼。聰明、審慎且專注這些特質，並不能讓你免於恐懼。在本章中，我要請你把必須無懼的壓力放在一邊，讓你自己成為一個凡人。

你感受到的恐懼程度，和你是內向或外向並無直接關係。我不認為內向的人感受到的恐懼就比較多或比較少，差別在於我們和恐懼之間的關係不同。我們遇到事情會先向內心世界探求答案，這表示我們很可能在恐懼中獨坐一段時間。若放任恐懼自行其事，很可能會占據我們寶貴的心靈空間，在我的同事茱蒂・杜恩（Judy Dunn）稱之為「回音室」的地方活蹦亂跳。

勇氣並非無懼，而是抵抗恐懼並精通恐懼。

——馬克・吐溫（Mark Twain）

◎我們應該要無所畏懼？

二〇一〇年，我參加一場由《普吉特灣商業雜誌》（*Puget Sound Business Journal*）在西雅圖主辦的出色活動「企業成長博覽會」（Grow Your Business Expo），所有演講者都把重點放在替企業家提供有用的資源和策略，每個人都表現傑出。但隨著活動陸續進行，我注意到許多講者都提到一個共同的主題：「無所畏懼」。

每一次有人這麼說，我都在心裡縮了一下。

當天討論到企業最需要什麼的時候，答案就是無所畏懼！如果懷疑潛入，我們應該要無所畏懼！克服恐懼最好的方法，就是無所畏懼！

天啊！

◎信心喊話法的問題

我很清楚那些說要無所畏懼的人出發點完全是善意的，他們並不是故意瞧不起或忽略我的感受。對於某些人來說，聽到這些話能鼓舞他們挺身而出，採取行動。這些話是一記警鐘，提醒了他們可以選擇任由恐懼擋道，也可以把恐懼踢到一邊去。

但對我來說，無所畏懼像是一句信心喊話的口號，引燃我的鬥志，推我一把加入重要賽局，但最後徒留我陷於泥淖之中。我可以感受到精力和勇氣一瞬間高漲了，而且可能持續幾天，就好像我灌了一劑咖啡因，終於又有勇氣面對世界，但效果終將消失。如果我持續利用這種技巧擊退我的恐懼，靠著信心喊話要它閃邊，恐懼還是會再度找上門來，讓我知道它跟我還沒完沒了。最後，恐懼會破門而入。

為什麼會這樣？當我說「滾開」的時候，難道恐懼沒有聽到嗎？有，但這股恐懼代表了我感到脆弱的部分，而且，這股恐懼是想要保護我。保護是強而有力的動機，我們應該關注恐懼。

回想一下我們經歷過的恐懼，就算不是全部，多數的恐懼多半都是試著阻止你去做可能會害你失敗或丟臉的事。就算你並沒有感覺到，但恐懼一直以你的最佳利益為重。因此，恐懼會回頭，而且捲土重來時更大聲，它希望能得到你的關注。

這一次，你在回應恐懼時可能感到更沮喪或更害怕，因為你之前已經用信心喊話擺脫它了，而且你發現，與一開始的時候相比，現在的你也沒做其他準備可以用來對付恐懼。你一直都忙著大聲咆哮，驅散恐懼，根本沒想到去看看實際的情況到底如何。

能激勵內向者的動力來自內在，我們的振奮是由內而外的，信心喊話這種方式對我們產生的作用微乎其微。這是一種表面的啦啦隊心態，從外在轟炸我們。

「承認恐懼。」貝西・塔爾伯（Betsy Talbot）這麼說；她是「和行李成婚」（Married with Luggage）的創辦人。她告訴我：

> 我想在公眾眼前維持一定程度的沉著鎮定，但現在我發現，如果你的恐懼和沮喪沒有出口，這將會有多困難。我有一群密友，我可以在不受批判之下和他們分享這些恐懼，得到回饋和支持，幫助我前進。

身為內向的人，我不喜歡讓自己在面對他人時顯得脆弱，但是我發現，當我面對自己的恐懼時，其他方面總能得到比較好的結果……我的企業也是。所以，我要對你坦承我的恐懼。恐懼不曾離開，但我因應的方法會改變，就像我也會改變一樣。

無所畏懼雖然是商業世界的常見主題，但是對於我以及我的內向客戶來說，有用的創業主題是蘇珊・傑佛斯（Susan Jeffers）的書名所述：《恐懼ＯＵＴ：想法改變，人生就會跟著變》（*Feel the Fear and Do It Anyway*）。

◎讓恐懼被看見、被聽見

承認恐懼確實存在，能夠幫助我們順利達成內向者的渴望，讓我們可以獨力作業，把經營人脈活動限制在最低門檻，在應該大聲說話時保持安靜。

透過承認恐懼，感覺到自己處於恐懼，就可以讓恐懼現形。踏出了這一步，我們將得到寶貴的資訊，知道如何以更有自信且善待自己的方式向前邁進。

一旦我們容許恐懼被看見、被聽見，也會更快察覺到自己在編織藉口（包括打出內向這張牌）。在理性上，我們知道這些藉口是保護我們免於受傷，要我們留在安全、舒適的地方（我們對這裡的一切瞭若指掌，也知道情勢將如何變化）。**但是，這些藉口並不能保我們安全，只會讓我們變得渺小。**

找藉口，代表當我們處理生命中無可避免的挑戰時，是從恐懼出發，而不是從愛出發。我們很容易就把這種以恐懼為導向的方法帶入企業中。如果我們不去追溯藉口的根源，就算是最高遠的企圖心，也不免受到破壞。

◎是出自恐懼，還是出自愛？

追本溯源，所有的藉口都發自於恐懼。

偉恩・戴爾（Wayne Dyer）在他的書《還在找藉口嗎？別讓基因、家庭、文化等等不成理由的理由阻擋你實現夢想》（*Excuses Begone!*）裡指出，實際上人只有兩種情緒：恐懼與愛。我是這麼看的，如果我們從愛出發，愛自己、愛他人、愛我們的目的、愛我們身而為人的寶貴存在，就沒有空間容下藉口（也就是恐懼）。藉口只是一種在恐懼上貼標籤的方法。

有時候，恐懼是一股強大的動力，比愛更犀利。由於匱乏感或是因為想要逃避，我們被迫採取行動。在私生活方面，藉口很可能是這樣：我需要減重，因為我如果太胖，我的另一半會離開我。這股動機讓我們離開沙發、踏上跑步機，但就算真的減重了，這種負面感受很可能仍揮之不去，因為我們恐懼另一半會出於其他原因離我們而去。

從創業方面來說，我們會告訴自己：要去打銷售電話以開發客戶，要不然我們就會找不到新的客戶。就算案子不符合我的業務也要接下來，因為那可以帶來急需的營收。不要跟客戶說我需要把期限往後延，因為我在壓力下可以表現得更好。

恐懼導向的動機，不見得聲音永遠這麼響亮。我在從事教練輔導時聽過許多次。我會問客戶：「激勵你的因素是什麼？」或者「你想要什麼？」恐懼導向的答案會以負面開頭：「我不想……」知道你不想要什麼很重要，但即便如此，如果你就此打住，你在做決策時的根據就會變成想要逃避（恐懼），而不是想要挺進（邁向愛）。

我最愛的名言之一，是一句古老的諺語：「恐懼叩門，當愛去應門，門外空無一人。」（Fear knocked on the door. Love answered, and no one was there.）

這句話對我來說是一幅充滿魔法的畫面。這句話承認會有恐懼來敲門，一直敲，每天敲。之後，後半段又告訴我，當你用愛去應門，恐懼就會消退（至少在它下次再來敲門之前都不會出現！）。

所以說，要我無所畏懼，也就是不承認、不認同我是一個有缺點的凡人。有個朋友在我投身教練生涯的早期就教了我一課。當時我們在講電話，她對我訴說她創業時的挑戰。很多事讓她萬分沮喪，我聽得出來，她的聲音裡隱隱透露出恐懼與懷疑。我提了一些建議，大意是：「嗯，如果你這樣那樣想的話，那又如何呢？」並附上一些加油打氣、要她把愁容轉化為笑容的建議。但，多虧了我的朋友，她客氣但堅定地拒絕我的建議。「我希望之後能覺得好過一些，但現在，我只需要去感受害怕。我需要去感受自己的感受。如果你只是要我高興起來，那一點用都沒有。」

我試著修補她的恐懼，不去認同恐懼自有其用意。無所畏懼也不能給我或任何人空間去感受我們的感受。

成果簡報顧問公司（Presentations with Results）的蘇珊·「快樂」·薛麗芙（Susan "Joy" Schleef）根據她和恐懼交手的經驗也同意這一點：「恐懼與懷疑是日常生活中很正常的一部分。推開它們、否認它們或試著粉碎它們，只有短暫的效果。當它們之後捲土重來，通常會變得更強大、讓人覺得更可怕！如果我接受它們、感受它們並賦予它們生氣，通常很快就過去了。」

與其試著無所畏懼，我情願踏入恐懼（只是稍微靠近，不要深陷其中）、承認恐懼，之後挑戰恐懼。如果我無力改變情境，那我會運用身上以愛為動機的部分，改變我看待情境的態度。

用愛去應門是什麼意思？首先，你要承認一開始你有感受到恐懼。就任恐懼維持它本來的模樣吧。之後，你要去看恐懼挑戰的是哪個部分？恐懼觸動的是哪一個警鈴？是你的自我認知嗎？是你的聲譽嗎？是你緊抓不放的信念嗎？是你的商業計畫嗎？還是你的人際關係？

恐懼很強大是有原因的：你非常在乎的東西受到了威脅。你在乎你的企業發生了什麼事，你在乎你的人生是否契合你的核心價值觀，你在乎你選擇讓他們進入生活中的那些人。請在心裡想一想，在這些人生面向中對你而言最重要的事物是什麼，讓感受浮上檯面。如果讓以愛為導向的感覺和恐懼對談，它們會怎麼說？如果恐懼是為了保護你免受傷害，那麼，你充滿憐恤之情的反應會是什麼？很有可能簡單如：「恐懼，我聽到你的聲音了，我知道你很努力要保護我免於失敗或受傷，我相信我應付得來。」

以愛回應的核心，是你要從信任、和平的出發點回應，而不是出於恐懼與焦慮。這表示你不僅要掌握目前發生的事，也要知道為何這些事對你來說很重要。你的「理由」可能是你的價值觀、你的願景或你的夢想。

「有所懷疑時，投問你的心，找到最重要的理由。」黑天鵝顧問公司（Black Swan）的企業教練凡兒・妮爾森（Val Nelson）表示，「如果你的心一直說不要，代表這條路可能不適合你。因此，你必須學著區分恐懼與你內心的智慧。你的心什麼都知道。」

到目前為止，我們談到的是用內在取向改變我們和恐懼之間的關係，但是，你用來改變觀點的補救之道並不一定要是心態上的。雖然內向的人動力多半來自內在，但想一想我們如何學習與記憶也會有幫助。你是視覺型、聽覺型，還是動覺型（kinesthetic）的學習者？由於風格的差異，不同的觸發因素對你來說會有不同的意義。

舉例來說，攝影師柯琳・卡蘿爾（Colleen Carroll）便做了一個實質物品，提醒她哪些因素可以激勵自己。她說：「我隨身攜帶一個護身符，那是一個可以讓我握在掌心的心型，上面刻了『愛』這個字。這提醒了我，我的熱情要比恐懼更強大。」

你可能喜歡每晚上床睡覺之前能聽肯定話語的音檔或冥想一會兒，我則有一些讓我振奮的歌曲，讓我充滿了方向感和力量。有些人喜歡視覺性的線索，比方說海報、牌匾或雕像，讓他們想起最愛的名言或是最能激勵人心的人物。肯定的形式是什麼不重要，最重要的是你找到有意義而且切中你心的事物。

這種正視恐懼的過程並不容易，很可能說出你不想聽的話。畢竟，就像妮爾森說的，如果你的心說不要，那怎麼辦？內向企業家的優勢是，我們不會浪費時間、精力和資源，栽進不適合我們的道路。我們已經學會信任自己內心的晴雨表，把力量交給我們的內在智慧，而不是恐懼。

◎恐懼與匱乏：心智勝過絮語和過度活躍的內向大腦

路明明很順很好走，你為何又自己把石頭丟在眼前？

——古人智慧

把你的企業想成是一條你自己開出來的路。你腳下的路途有多好走？如果你過於聽信媒體的話或是恐懼導向人士的觀點，這條路上就會處處都是石頭和障礙，而且每一個上面還都貼了標籤：經濟環境不佳、現金流很緊、銷售問題、破產、掙扎、匱乏。誠然，有些障礙是你控制不了的，但是，當我們以批判眼光來看這條路，將會清楚看到很多絆腳石都是我們自己丟出來的。

恐懼常在我們的生活中插上一腳，因此幾十年來有太多行銷人士不斷加以運用。舉例來說，集恐懼（fear）、迷惑（uncertainty）與懷疑（doubt）於一身的新詞「懼惑疑」（FUD）問世，就要歸功於一九八〇年代在IBM任職的吉恩・阿達爾（Gene Amdahl）。[1]阿達爾發展出一套行

1. 《韋伯新世界電信字典》（*Webster's New World Telecom Dictionary*），約翰威立出版社2010年版權所有，印第安納州印第安納波利斯市，透過約翰威立出版社取得授權。

銷策略，訓練銷售人員慢慢在客戶心中注入和轉換產品相關的恐懼、不確定和懷疑。「堅持使用ＩＢＭ。我們規模大，我們很安全，你知道你會得到什麼。如果換用其他公司，什麼事都可能發生，包括你不樂見的情況。」這套技巧之後也獲得微軟（Microsoft）青睞，並在政界冒出頭。到後來，懼惑疑不僅用於行銷與政治，也影響我們這些內向企業家如何扮演自己的角色。如果我們能真實地對待自己，就能承認在這些我們試圖表現給同事、家人、朋友看的正向喊話、充滿信心的臉龐，以及外向能量底下，至少有一些讓我們絆倒的內在懼惑疑。

◎找到你的懼惑疑

不是內向的人才會經歷到懼惑疑，但我們內向者的懼惑疑多半有些共同的主題，圍繞著讓內部外顯時的脆弱打轉。以下這些懼惑疑的絆腳石是不是聽起來很熟悉？

- 我非常內向，太過安靜，在這個喧鬧的市場根本不會有人注意到我……
- 如果我過度行銷，大家會討厭我……

·我無法承受拒絕……

·如果我的企業失敗，讓家人失望，怎麼辦……

·我不善於聊天，在銷售上的表現更是糟糕……

·我在對的地方現身，可是完全不見效……

·我沒有力氣一直在外面活動……

·我不確定我能應付要我不斷前進、前進、前進的壓力……

有些懼惑疑是小石頭，有些則是大石塊。就算是勇敢、「無懼」的人（不管是內向還是外向的人），都必須閃避路上這些懼惑疑絆腳石才能成功。

有些人能向前邁進，有些人卻被擋路的石頭絆倒，差別在哪裡？能向前前進的人知道，讓他們感到恐懼的地方，也正是蘊藏能量的地方。這裡有些東西希望你去關注，因此他們把這股能量（也就是恐懼感）帶入了特定的感知當中。

我們可以利用一個方法強化自己的感知，那就是把累積在內心的力量顯現於外。全圈教練顧問公司（Full Circle Coaching）的喬安·舒曼（Joan Shulman）提醒我們，不用獨自一人經歷這樣的過程。「當恐懼侵入，去找真正能傾聽你的人諮商。和我們信任的人分享自己的脆弱，能把恐懼從黑暗中攤在陽光下。沒有這麼可怕！」

暢談恐懼，會突顯出恐懼和興奮之間只是一線之隔；當我們害怕時腎上腺素會噴發到全身，興奮時也一樣。差別在於我們選擇用什麼樣的角度來看情境。如果我們和他人分享自身的恐懼與懷疑，通常會比較容易改變自己的觀點。從新觀點出發，你可以選擇把恐懼的能量導入行動中，而不是藏在心裡並任由它阻礙你。

◎把你的懼惑疑攤開來

當我們能把懼惑疑從不斷迴旋的轉輪上拉下來，不在心裡反覆思量，而是攤在陽光下，放在它們很少被好好檢視的地方，從中感受到的力量和清晰透澈可以讓人徹底改觀。你想知道你的懼惑疑當中蘊藏的真相嗎？它們希望有人能聽到，而且它們認為是在幫助你安全遠離失敗。因此，讓懼惑疑發聲的重點不在於聚焦在恐懼與負面，而在於把它們放回適當的位置（並把你的路讓出來），好讓你可以專心發展優勢。

無論你的懼惑疑只是路上的減速丘，還是讓你在每一個彎都動彈不得的障礙，徹底處理有助於你把恐懼的負面能量轉化成正面的行動能量。以下這四個步驟提供一套方法，讓你把恐懼轉化成推動你前進的資訊：

1. 列出你的懼惑疑
2. 進行現實查核
3. 明白你有選擇
4. 選擇成功觀點

步驟1——列出你的懼惑疑

有個好方法可以把你的懼惑疑從轉輪上拉下來，那就是拿張紙寫下來。內向的人精通徹底思考，但是到了某個時候你就必須把這些想法寫下來並顯現於外，這對你的因應之道來說很重要。寫下在任何業務領域擋住你去路的懼惑疑，這可能包括行銷、財務、經營人脈、重大決策或企業的下一步重大發展。

以下是我經歷過或聽過某些內向企業家客戶所說的一些恐懼、迷惑與懷疑：

「如果她贏，我就輸了……」

「把構想牢牢藏在心中比較好……」

「『小』才安全……」

「如果我去參加活動，我會不知道該說什麼……」

「我天生就不會推銷自己或是我的想法……」

有沒有哪一條讓你覺得很耳熟，或是觸動了你想到另一個想法？你可以寫得很具體或是很籠統，完全看你。通通寫出來。列出你的每一項懼惑疑，無論多大多小，讓你覺得多可怕或多瑣碎。請先不要批判你自己以及你的懼惑疑。

把你的懼惑疑白紙黑字寫下來，然後不要再去思考。

把這張清單放著，一整天都別再想（如果你想要的話，放一個星期也可以）。

步驟2——進行現實查核

在你和你的懼惑疑清單拉開了一段距離之後，你就可以用比較客觀的眼光去看。檢視你的清單，去尋找兩項重點：假設與造成限制的信念。

假設的根據是過去的經驗或對未來的推估，聽起來可能像是：

「這很困難……」

「我需要學位才辦得到這件事……」

「那個我們負擔不起……」

「我不會喜歡……」

「我們絕對合不來……」

「他可能痛恨我……」

「如果我這麼做可能會傷害到別人……」

「沒人幫我……」

「每個人都會認為這是很蠢的點子……」

造成限制的信念是指我們因為把焦點放在負面事物上而限制了自己，比方說：

「我不夠聰明。」

「我太老。」

「我太胖。」

「我只擅長做這件事。」

「你無法教會老狗玩新把戲。」

「我可以做這件事或那件事，但無法兩者都做。」

「對我來說太遲了。」

企業裡出現的懼惑疑很多都是假設，比方說：設立部落格太困難了；現在沒人花錢了。有些則非常可能是造成限制的信念，例如：我才創業一年，因此我只能靠大放送贏得新客戶。請標記你的每一項懼惑疑，看看究竟是需要證據支持的假設，還是會拖累你的限制性信念。

透過坦誠的自省與蒐集證據，可以證實或駁回假設。一旦你拿到證據，便可以根據現實做出周延的選擇。

就以「那個我們負擔不起」為例。這句話我聽過好多次了。我曾經花了大約四年的時間去編輯與製作我的網路廣播（podcast），這是很耗時的專案，但我很享受這段過程，尤其喜歡擁有百分之百的掌控度。更重要的是，我假設，要把這項工作外包請他人協助我將所費不貲。就算成本沒有我想像中那麼高，反正我還是付不起。終於，有一天，我到了極限。我積壓了很多網路廣播沒有製作，但很多人等著他們的訪談播出。我在外包網站（Elance.com）上貼出一份工作，一個小時之內就有十八位從事自由工作的製作人競標我的案子。猜猜怎麼著？他們要求的報酬和我假設的金額根本天差地遠！如果我一直沒有蒐集證據，我會持續陷在我根本不能選擇把工作外包出去這項錯誤的假設當中。我會持續一路上獨自奮鬥，完全沒發現我空下來的寶貴時間拿去創造營收，可以輕易拿出來支付一位外包商的薪水（之後就變成幾位了）。

造成限制的信念本質上通常比較屬於個人面，需要更深入探究性靈面。這類信念來自於內心深處，根源是過去的經驗，因此，看起來更龐大、更了不起。有一個方法可以快速地讓這些信念回歸正常的規模，那就是用以下這個問題挑戰它們：「那是真的嗎？」答案通常是：「不，不完全是真的。」從這樣的認知出發，選項就浮現了，你也會發現自己大可脫離泥淖之地。（如果你想要多了解這個概念，請閱讀拜倫・凱蒂〔Byron Katie〕的作品。）

當你看到某個懼惑疑想著「這是真的嗎？」時，你該怎麼辦？深入檢視。是真的嗎？你有哪些證據？如果確實為真而且是客觀事實，那麼，你的恐懼是針對事實本身，還是針對你應付或因應事實的能力？

步驟3——明白你有選擇

陷入恐懼圈時，我們常常忘記自己有選擇。比方說，你可能會覺得自己沒別的辦法，只能自己親力親為去做專案，因為要讓別人加入太費時。你恐懼失去掌控情境的能力。把工作外包給別人就等於麻煩，對吧？但你又想減輕自己的壓力。

如果有別的方法可以達成相同的目的，那又如何？當你解除假設，其他的選項就會浮上檯面。你或許可以僅把專案的某個特定部分外包出去，獲得協助。你或許可以把時限拉長。你或許可選擇要縮小範疇。或者你也可以決定要和壓力共存，因為你知道這只是短期而已。當你確認懼惑疑是假設或造成限制的信念之後，就可以更清楚看出確實有選擇。之後你可以決定要如何因應每一項懼惑疑。你不用接受預設的特定情境然後充滿無力感，你可以特意選擇你的回應方式。

步驟4——選擇成功觀點

成功觀點的核心，始於用「皆／以及」兩全其美的方法來思考，放棄「或／其一」的取捨。後者就藏在情境當中的限制性信念裡：「我要不然就開始進行現場活動，要不然就永遠找不到新客戶。」這和「如果／那麼」的情境一樣充滿限制，舉例說：「如果我的價格不是最低的，那麼大家就不會買了。」如果你發現自己用「如果／那麼」或是「或／其一」的句型來思考時，**停下來**。想一想你說的話是不是確實為真。

以最保守的角度來說，這些說法都是一種指標，指向你在切斷自己的選擇，你在畫地自限。且讓我們來看定價範例：「如果價錢不夠低，大家就不會買」，這個想法是真的，但並非**唯一**的真相，也存在其他可能性：

- 如果價格太低，大家會瞧不起你的產品：價錢這麼低，你提供的會是優質產品嗎？
- 如果你從低價開始，訓練客戶或顧客期待低價，之後要拉高價錢就很困難。
- 如果你剛開始價格定得比較高，你永遠都可以在之後打折。
- 你會從低價開始，是因為你懷疑自己的價值。你懷疑，其他人也會。

·你可以找一個中價，讓你和你的顧客以正面的方式彼此角力。

一旦你開始認同還有其他可能性，就可以減輕恐懼對你加諸的力道。你可能還是決定要降價，但在這種情況下，你是根據審慎的反思與策略做出決策，而非基於恐懼。你的感受以及你面對市場的態度都將大不相同。

從這個優越的角度來看，你的企業以及你個人的成功需要的與想要的，都不虞匱乏。選擇取代了恐懼。

移轉你的能量，選擇興奮刺激而非恐懼。堅守新觀點。請回想一下我之前談過的恐懼的目的以及如果我們忽視恐懼的話會怎麼樣：恐懼會一再回頭，叩叩，叩叩，愈敲愈大聲，一直到我們願意承認恐懼存在為止。舉例來說，你可以說：「懼惑疑，我已經聽到了，也知道你在保護我免受風險與免於失敗，謝謝你的關心。我已經想過你說的話，但我要向前邁進的企圖心很看重我要提供的商品服務，把滿懷的熱誠展現於外，我這個月要得到兩位新客戶。」

寫下你的新承諾，並整合到你的企業願景或行動計畫裡。請在每一個行動步驟裡都加上你的企圖心，你才能把你不願意臣服於假設和限制性理念的原因牢牢記在心裡。假設你已經提出一份大綱要辦理一場在地性的現場作坊，而你最終想要把這份方案擴大成全國性的。你苦惱於如何訂出適當的價格，你擔心如果定價過高大家就不來了。但，你也希望這場作坊以及從中推出的任何產品能在你的年營收中占百分之二十五。

現在請思考以下問題：整體來說，你對於第一場作坊懷抱怎麼樣的企圖心？你想經歷什麼？你希望與會者體驗到什麼？你希望種下什麼樣的種子？考慮過這些問題之後，你的企圖心可能會像是：「透過舉辦第一場作坊，我打算為學員提供優質、資訊豐富的體驗。我希望更清楚了解他們的需求，讓我擴大提供的產品服務範疇，以後能為更多人服務。」在這股企圖心的前提下，定價的兩難就不如經驗重要了。穩守你的願景和企圖心，將會讓圍繞在金錢問題上的恐懼加諸的力量消散一些，這會讓你更容易去傾聽你內心的智慧，知道什麼最重要、什麼能帶你行動（以及你覺得什麼樣的價錢才對），而不會卡在恐懼裡面。

當你自行嘗試這套四步驟的流程，很可能覺得不如上文寫得這麼清楚明確。而且，若要能把信念轉化為成果，你還需要發展出一套行動計畫。和輔導教練、精神導師或你信任的同事一起貫徹這套流程，會很有幫助。我們有時候會太過貼近懼惑疑；思考模式根深蒂固，情緒更讓我們無法客觀地看到匱乏性的思考現身並不斷強化。我建議你去找一個你信任、讓你覺得非常安全的人，請對方在這整個過程中支持你。

在邁向成功與實現企圖心的路上，總是會有擋路的懼惑疑小石頭，偶爾還有大石塊。出現阻礙是因為我們都是凡人，有時候我們需要發洩一下，去踢個什麼或丟個什麼。但，至少現在我們知道到底發生了什麼事，而且還有一套流程可以幫忙移轉我們的能量。

◎理解恐懼與不安之間的差異

要掌控懼惑疑的一個關鍵，是要知道如何區分恐懼與不安。不安，是一種焦慮或壓力感，通常只是恐懼留下來的討厭東西，要清乾淨，唯一的方法是付諸行動。

《藍燈書屋辭典》（*Random House Dictionary*）對於不安（discomfort）的定義是：「少了安適或輕鬆；焦慮、艱苦或中度的痛苦。」創業旅途中我們常常會覺得少了安適。發電子郵件很安適，拿起電話很不安。不參加大型研討會後的派對歡樂時光很安適，稍作逗留則很不安。

這類活動可能會帶來中度的不安，但這和真正的恐懼不同。恐懼是「逼近的危險、邪惡、痛苦等等引發的痛苦情緒，無論威脅是真實的還是想像出來的」（引自《藍燈書屋辭典》）。

我們常常把恐懼和不安連用，用這兩個詞來描述相同的感覺（就好像一般人會把內向和害羞連用一樣）。但如果我們把這兩個詞分開，會發現引發焦慮的事物完全不同於危險或邪惡的事物。拿起電話或是參加活動並無任何危險，如果你在群眾面前演說或啟動和潛在客戶的對話，也沒有什麼罪大惡極可言。

當我用這種方式來陳述，如果再把這些感受貼上恐懼的標籤，聽起來就有點可笑了。但並不是。在那個當下，你很可能出現貨真價實的「戰或逃」（fight-or-flight）反應。這裡的重點，是去質疑你的情緒並和情緒坐下來一起沉澱一會兒：這真的是恐懼，還是不安？你真的覺得受到威脅，還是覺得不舒服？

兩者之間可能並沒有非常明顯的差異，但我發現，去區分對我和我的客戶來說都很重要。說「我怕死了經營人脈」和「經營人脈讓我很不安」，這兩句話給人的感覺大不相同。一句聽來相對讓人無能為力，另一句則比較像是你可以撐過去或做點改變。說到底，不論何時，每當你要嘗試去做新的任務時，都會經歷不安。如果你願意在每天和不安奮戰後為自己記上一筆功勞，你就會知道你能好好處理。

請記住：恐懼很原始，因此需要更多的省思與時間才能超越恐懼。但我要提一句警語：和恐懼一起坐下來沉澱不代表要去想太多。摩特就說了：「我可以一再地分析情境，但必須鞭策自己做決定。我非常努力去認知這一點，並特意付出心力去辨識哪些問題或情境值得我仔細思考、研究與考量，哪些則不需要。」

會擔心犯錯很正常、很健康，但如果我們在腦海中一再想著各種出錯的可能性，很可能被嚴重扭曲。外向的人會因為一件事而不斷和自己說話，內向的人則會因為一件事而不斷在腦子裡想了又想。《內向宣言：內向的人受啟迪，外向的人要開導》（*The Introvert Manifesto: Introverts Illuminated, Extraverts Enlightened*）的作者彼得・佛格特（Peter Vogt）提出以下的說法：

> 我想太多、分析太多、憂心太多（或者說，看起來是這樣）。我需要多一點行動、少一點思考（但這不代表完全不去想）。坦白說，我認為多數時候我都是作繭自縛。
>
> 有時我發現自己的處境很像哈里遜・福特（Harrison Ford）扮演的印第安那瓊斯（Indiana Jones），我是指他在電影裡要拯救他爸爸（史恩・康納萊〔Sean Connery〕飾演）那一場戲。還記得嗎？這場戲裡，印第安那瓊斯必須先往前一步，跳進，嗯，空中，帶他跨越峽谷的橋才會出現。我對於自家企業也有相同感受：我想要向前邁步，但是我看到前方有一座無橋可通的峽谷；除非我踏出第一步，否則橋不會出現。我覺得我已經啟動了這個過程，但這是一項永遠都在不斷前進的任務。

自創業以來，有多少次你選擇要踏出一步、踏入看起來像是什麼都沒有的地方？當你這麼做的時候發生什麼事？你可能一度覺得自己會像自由落體一樣下墜，不確定自己會掉在何處。落地方式可能是軟著陸，也可能又硬又痛。不管怎麼樣，你都找到方法撐過不安以及隨之而來的任何恐懼。你展現了你身為內向者的偏好，反省你的經驗並注意到你學到的教訓。你花很長的時間和它們一起坐下來，傾聽內心的智慧。最後，你拍拍身上的灰塵，站起來，走人。

◎恐懼與崩潰：如何吃掉一頭大象

我發現有時候我會一再地說同一件事，對自己說也對別人說。有一條老生常談的智慧我特別欣賞：你要如何吃掉一頭大象？一次吃一口！

不管是客戶、朋友或家人，在我的生活中好像有很多人無時無刻都處於全面崩潰的邊緣，永遠都在為了重大目標或專案而奮鬥，任務規模龐大，變成籠罩在他們頭上的陰影，看來陰暗且不祥。過去幾年，我的陰影（實際上是我的夢想！）就是你現在正在讀的這本書；這本書一直在我的腦子裡，我感到受到召喚，要付諸於文字。我開始把寫書造成的陰影想成一頭大象，並開始恐懼這頭巨獸會一屁股坐下來，把我壓得粉身碎骨。

我們
成功

理性上，我們都知道要完成大事要從小處著手，這不只是常識而已，對於想要調節能量的速度、以便擁有更多內部資源到最後能漂亮收尾的內向者來說，更是一項優勢方法。那麼，我們為何又會陷入麻煩當中？我們為何會被籠罩在陰影之下、而不是因為夢想而充滿活力？

最有可能的原因是我們心懷恐懼。我們在心裡對這頭龐然巨象（這代表我們的目標）編了一些故事：太大了……我永遠無法完成……我成功了又如何？……我失敗了會怎樣？……我如果心想事成會怎樣？我們因為看到大象的陰影而受到激勵，但隨後又感到洩氣，兩者彼此交替，反反覆覆。

就像我之前提過的，我們最初的直覺是要化整為零，從小處著手來突破大型任務，假設除了規模龐大之外，再無其他因素擋我們的路。這是很穩當的方法：找出你的終極目標，之後再找到要帶領你從現在這裡走到你想抵達的目標之處的必要前幾步。一次把焦點放在一個步驟上（咬一口）就好。當你走完這一步，再邁向下一步。

在你咬下第一口之前

如果你一開始花點時間先省思，深入剖析你的內在智慧，這套流程會更有效果。記住：身為內向的人，你心裡可能有一個很強大的指南針，你希望確認它指的方向是對的。在你開始切割大型任務之前應該做幾件事，以確保你是往正確的目標前進。

第一件事是思考你和這頭大象之間的關係。這是你的大象嗎？換言之，這是你的目標，還是別人丟給你的？你是努力去做你認為你應該要做的事，還是根據他人的期待設定目標？內向的人需要在這方面培養出第六感。如果在選擇向前邁進時有人要你更外向一點（這股壓力很可能是你自己施加的），你很可能會訂下聽起來恢弘高遠但不可行或不務實的目標，或者根本不是你的目標。

如果這頭大象不是你的，請判斷你想分多少力量給牠。對內向的人來說，我們的能量精力是自己最寶貴的資產。我們必須確定自己把精力花在刀口上，讓我們踏上對自己而言最重要的道路並向前邁進。不然的話，我們就是虛擲寶貴的精力，在自己與他人的渴望之間拉扯而已。我們自己的大象已是龐然大物，完全不需要不屬於我們的大象！請檢視自己的目標：你對這件事有何選擇？你能不能放掉只為了取悅他人而接下來的目標或專案？

且讓我們假設你判定這頭大象是你的選擇，你將牠命名為「我的暢銷書」、「改造我的網站」、「在協會裡領導某個委員會」或是「重新設計我的收費架構」。當你想到你來到彼岸（也就是完成整件工作）時，你有什麼感覺？很棒，對吧？試著用你想要領略的感受重新為這頭象命名，而不要直接用你想做的工作。聚焦在你的企圖心上，意思是說，聚焦在你想獲得的經驗上。如果以此作為指引，我那頭長得像一本書的大象（也就是我的目標）聽起來可能如下：當我寫出一本暢銷書，把我獨特的心聲和全世界分享，我會覺得獲得力量，信心滿滿。

這對你有幫助嗎？把重點放在你想要的感受上，就是讓自己接受各種可能性。你也接受可以有不同的成果，不再拘泥於特定的結局。很可能，長期下來你的目標有了一百八十度的大轉變。如果你堅守要達成特定的成果，會讓自己陷入失望之中。你的大象可能會改變，如果你太執著於要在特定時點出現特定成果，很可能會錯失更好的結局。

> 先對自己說你想要成為什麼樣的人，然後再去做你必須做的事。
>
> ——古羅馬哲學家愛比克泰德（Epictetus）

◎走出陰影

假設你已確認目標、細分成幾項比較小型的任務，也訂下了明確的企圖，你偶爾還是可能會忘記一件事：有陰影的地方，也會有陽光。以下有一些額外的小祕訣，讓你確保目標造成的陰影沒有讓你落入完全的黑暗當中。

做你自己

你的目標愈是出於你自己的真意，你就愈可能堅守並採取行動。當內向的人在決定要如何達成目標時，這一點尤其重要。

姑且假設你的目標是要透過公開演說來增加曝光率。外向的人可能一開始就會多多參加活動以利和大家碰面、致電計畫負責人打聽演講人的流程，並拍攝影片放到網路上。他們的本能是伸出觸角，然後開始和人們談話。

內向的人一開始可能會先做線上研究，或許會列出一些潛在的演講邀約。我們會先確定自己知道想要發表演說的主題是什麼，才會對他人開講。之後，我們可能會先發送電子郵件徵詢或要求給朋友與同事，請他們介紹。

好消息是，兩種方法都有用。但是，如果內向的人一開始從人先下手，由於他為了讓策略奏效必須一直和他人交談，這很可能讓他精疲力竭。如果外向的人從做研究開始，很可能整套過程耗時過久而失去耐性，挫折萬分。借重你的天性，用你想要的方式達成目標。榮格說過：「一個人穿起來合腳的鞋子會磨痛另一個人，世界上沒有一種適合所有人的人生妙方。」

懂得適時拒絕

關於何時要答應、何時該拒絕，你有選擇。要留心這些選擇如何影響你的內向能量；如果你答應了某件事，可以拒絕另一件具相同價值的事，作為平衡。當你隨時評估自己付出的精力，就能用更好的方式推動每一件事向前邁進，又不至於讓你亂了調。

辦公室裡熱鬧萬分，到處都有要考慮的運作環節，就好比同時在三個場地表演馬戲一樣，外向的人可能會因此覺得活力滿滿。而內向的人如果能限制自己一次只在單一「場地」上場，以便專注在當下最重要的事項，他的表現會更好。要表演手忙腳亂的轉盤子特技，持續一會兒沒問題，內向的人甚至還會因此振奮（我們有些人會藉由拖延來催出腎上腺素，把這當作激勵自己的機制，這些人大可證明我的話！）。但整體來說，如果你一次要轉很多盤子，專心留意臨界點會有幫助。面對機會之窗時你會希望能保持警覺，拒絕某些事，以避免全盤崩潰。

慶賀你的勝利

每一次當你來到特定里程碑時，請好好慶祝！當我們有點成就時，心裡的滿足感通常對我們來說已經足夠，我們會繼續往前進，忘了要好好讚賞自己的成就。經過幾天、幾週或幾個月之後，我們會覺得不知為何如此疲憊，或是認為自己根本沒有進展。

我認為，會有這種情況是因為我們沒有花時間以有意義的方式（通常都是外顯的方式）來讚賞自己的成就。表現於外的慶祝對於內向的人來說很不自然；我們的本能是低調不張揚。外向的人比較會自我獎勵，因為他們的動機本來就來自於外部的認同，這讓他們不斷前進，邁向下一個階段，永遠都能看到前方有獎勵等著他們去領取。反之，內向的人會說：「嗯，我會等到全部完成後才獎勵自己。」

當你把目標細分為幾個較小的行動步驟時，請記得也把你的獎勵分散。好好款待自己，以強化每一次的勝利。按下「暫停」，花點時間欣賞你的進展。可以休一個下午的假。找朋友出來吃一頓悠閒的午餐。在社交媒體上快快貼出公告，宣布「我完成專案的第一部分了」（這樣做可以達成雙重目的，既可以自我表揚，也可以讓關心你的朋友替你按讚）。享受幾分鐘的安靜時刻，關上門、拉上百葉窗，享受十五秒的熱舞派對（時間長一點也成！）。當你認同自己的進展時，也就是在精神面為自己注入正面能量，之後你可以導引這股能量，享受下一次的甜美果實！

找到志同道合的人

找到一群能支持你的人在身邊。這些人可能是朋友、同事、家人、輔導教練、精神導師或顧問。請和能激發、鼓舞與挑戰你的人保持聯繫。

外向的人天生就會去和人打交道，因為這是他們最能發揮潛力的方式。他會想要接收各種不同的管道所提供的意見，擅長把群體內的關係當成養分。一旦遭遇阻礙，他早就有一群人隨時可以召喚，請求支援。內向的人也會有人可找，但是群體的規模會小得多。我們由經驗得知，有些人會耗盡我們的精力（其中有些甚至是立意良善的朋友）。

如果我們向外求助，就是開放自己，面對壓力可能更大的風險。親友可能會認為他們是在幫忙，但他們提供的建議某種程度上偏離或是牴觸你的需求。

當你在思考希望身邊有哪些人時，請仔細選擇。想一想你的同事當中有哪些人具備最正面、慷慨的特質。你會希望你的交流對象是秉持慷慨大度行事的人。

就算有人提議要當你的精神導師或顧問，不代表你就要接受。你可以直截了當地說：「謝謝你的建議。你讓我明白和教練合作可以讓我受益良多，所以我聘請了一位。」或者，你可以避免強化雙方的關係（比方說，對於喝咖啡的邀約說聲：「不了，謝謝。」），讓雙方淡掉。記住以下這件事會有幫助：**如果你對於不那麼理想的人說「好」，你就是拒絕把有用的空間騰給另一個適合的人。**

我把這些人稱為志同道合的人。這些同志可以成為你的啦啦隊長、為你對照現實情況的查核人以及與你相應和的人。魚兒歌唱之地網站（WhereFishSing.com）的費昂娜．摩根（Fiona Morgan）自稱是內向的企業家，當她面對一項很有挑戰性的目標時，她發現和別人聊聊是一件很有價值的事。她和我分享：「當我找到一個弱點時，我就會去找一個我認識的、而且在這方面很出色的人。我會觀察他們的做事方法，也可能會請問他們在內心如何面對這個領域。能觀察一位在我想要學習的領域已經很有成就的人，非常有用。他們在這方面的思考，通常和我一直以來的想法截然不同。」

當摩根向外尋求協助時，她努力讓自己進入一個對於內向者來說並不見得很自在的境地。我們的傾向是試著自己化解挑戰，但是，當我們這麼做時，就是把獲得新觀點的機會自絕於門外。摩根的做法是省思特定的挑戰、找到曾有相同經驗並成功化解的人，並請教對方的看法，這是一套對於內向的人來說非常友善的方法。多數人樂於回應他人的就教請求，對他們來說是一種恭維，如果你對於向外請求協助感到很彆扭，請記住這一點。對方很可能樂於分享看法。

信任這套流程

把重點放在你想擁有的經驗並根據你的企圖心做選擇，雖然事情有可能和你原來的預測不同，但你大可放心，你將會往目標推進。要體認到你選擇的過程（亦即成為一位內向企業家的過程）並非一條全無阻力的輕鬆路徑。

赫倫媒體公司（Herron Media）的克莉絲汀・瑪麗・赫倫（Christian Marie Herron）曾表示：

我的座右銘是：「多數人不太勇敢，連創業都不敢。如果創業這麼容易，那大家都做得到了。」身為企業家，我學到尷尬的感受是創業領域的一部分，不管是寫作、致電還是學習新的行銷技能，只要你每天都做點什麼，這些感覺都只是暫時的。長期下來你會培養出智慧，就算你無法明確看清目前的位置，也會知道自己踏上了正確的路。

赫倫的觀點最深得我心的一點，是這適用於所有企業家，無論內向或外向。對內向的人來說，在內部的處理過程與外部的實質行動之間取得平衡格外重要。請提醒自己，你很勇敢才能開始創業；不管發生什麼事，請把這一點拿出來用。你正在做大事，值得去做的事鮮少是輕鬆的。說到底，請記住，要吃掉一頭大象唯一的方法（也是度過你的恐懼唯一的方法），就是一次咬一口就好。

先從必要的開始做，接著去做可能的事，然後忽然之間你已經在做不可能的事了。

——聖方濟各亞西西（Saint Francis of Assisi）

BETSY TALBOT

貝西・塔爾伯

「和行李成婚」的創辦人兼同名書作者。

問：讓你做出大改變，用你自己的話來說——從「耗盡電池的金頂兔」搖身一變成為環遊世界的旅行家與作者，當中的催化因素是什麼？

在我成為不受地點拘束的全職企業家之前，我是頗有成就的醫療紀錄科技業的專業人士。我熱愛工作中解決問題的那一塊，但是其他部分耗盡我的精力。我最痛恨的，是要不斷出差到客戶端進行業務會談，大家期待我在下班後還要跟客戶與同事社交。這讓我永遠精疲力盡，嚴重到衝擊我的婚姻。

最後我決定要離開公司，創立我自己的顧問公司。當時我的兄弟心臟病發，而我有一位好友則在三十幾歲時發現動脈瘤。這些事把我和我丈夫華倫（Warren）搖醒，我們自問：「如果我們知道自己活不過四十歲，現在會想要如何改變人生？」我們馬上知道自己想要環遊世界，但當這個想法的刺激感消退之後，恐懼上場了。我們怎麼負擔得起？我們要靠什麼維生？我們如何能放棄辛辛苦苦建立起來的一切？

問：你如何克服這些恐懼？

我的內在本能插上一腳，為我指出一條前進之路。我們不向憂慮投降，反而開始做些研究，並小步小步向前邁進。在這過程中，我們靈光乍現：透過網站公開記錄我們的恐懼、問題與行動。如果我們對於大幅改變生活方式有這些問題，那其他同樣也在思考籌畫重大變革的人不也一樣嗎？面對恐懼給了我們此生中最棒的創業構想。

問：對於推進重大構想或夢想感到焦慮的內向企業家，你有什麼建議？

最首要也最重要的是，記住，構想或夢想比你這個人更大。一旦我們理解自己創立的企業大過我們自身，恐懼就會消散。我們把焦點放在別處，這樣會比較容易拋掉比較小的恐懼。我也明白，當我把自己放在網路上、非常脆弱的同時，也創造出一個由幾千人構成的支持網絡，他們可以給我鼓勵。此外，當我記錄下一切，代表每當我面臨新恐懼時，我可以檢視過去找到類似的情境。多數時候，我之前都面臨（並克服）過類似的狀況。體認到自己的長處並以過去的成就為茁壯的基礎，帶來很大的力量。現在，我把恐懼當成指南針，每當它出現，我就知道我有重大突破了。

CHAPTER 3 —— Finding Your Voice

找到你的聲音

永遠都做對的事。這會讓某些人心存感激，並讓其他人大吃一驚。

——馬克．吐溫

◎我們應該要無所畏懼？

任何期待打造昌盛企業的企業家必須具備兩項要點：擁有明確的目的以及理解核心價值。你的目的與價值觀是檢驗你所有選擇的試紙，從你提供的服務、你共事的對象到你決定合作的客戶。釐清價值觀的流程中有一個不可或缺的部分，那就是要找到真我，真實的自我。

我們在第一章曾談過，有些立意良善的人希望內向的人要不同於他們真正的樣子，內向者的真我常常因此而被遮掩。

吉姆．赫斯勒（Jim Hessler）是我一位內向的同僚，也是一位管理顧問，他說當他第一次做麥布二氏心理類型量表測驗時，他得到的結果幾乎和真實的他完全相反。之後他發現他在成長的過程中都在扮演某個角色以滿足家人的期待，也就是成為一個理性、穩定、外放的外向者。他身邊的人大大影響他對自己的看法，讓他經歷了很多年後（已經到四十多歲了）才明白一件事：其他人期望他成為的那個人與實際上的他根本是兩個人。如果他持續仰賴外部投射出來的看法，他做出的人生選擇將不斷地和他的真我不一致。他的新認知讓他得以做出更特意的選擇，讓他與真正的自己相應和，並同時嘉惠他的專業生涯與家庭生活。

本章要談的是如何為你的企業奠定穩固基礎，讓你在發展業務時一開始就能反映出你這個人以及對你而言最重要的事物。我們會先詳細檢視何謂真我、為何核心價值非常重要，以及如何找到核心價值；如何釐清你的創業目的，以及如何善用初心的力量。

何謂真我？

我在輔導客戶期間經常有人提出上述問題。當我們要突破某種情境或膠著點時，根本的問題經常是：「何謂真實？」

我們常陷入懼惑疑引發出來的故事，從這樣的觀點去看事情應該是怎樣，因此無法掌握事情本來是怎樣。即便是通常向內心尋求指引的內向者，也會花很多時間去聽他人怎麼說，向外探求解決挑戰的答案。創業之旅充滿不確定性，因此我們會向外去找曾經歷過相同情境、做過相同任務的人，請他們驗證與提供資訊。

當他們的聲音最後蓋過我們的內在智慧時，挑戰就出現了。

向外界尋求一定程度的資訊以了解該如何打造成功的企業，有其必要，這稱為研究。但到最後，一旦你蒐集到資訊之後，重要的是要關掉搜尋雷達，讓資訊發芽茁壯。把這些資訊結合你已具備的知識，不要再去諮詢任何人。當你這麼做時，你做出的選擇（也就是你的真我），就僅屬於你自己。

這一點很少有人能精妙闡述，說得最好的是隨筆作家兼評論家威廉・德雷西維茲（William Deresiewicz）二〇〇九年十月在西點軍校（West Point）發表演說時的一席話：[1]

我最初的念頭從來都不是我最好的想法。我最初的念頭永遠都是別人的想法，永遠都是我聽過別人對於這個主題的說法，永遠都是大眾意見。唯有我專注、堅持在這個問題上，拿出耐心，讓我每一部分的心智都發揮作用，我才能得出自己的原創想法。

且讓我們花點時間想一想這句話：我最初的念頭從來都不是我最好的想法。大家都叫我們要「跟隨最初的直覺」。最初的直覺當然有其作用，有時候這很有用，但有些時候的問題或情境比較屬於理智面或具體面時，就需要給自己一些省思的空間。要把點連成線。要想出自己的原創想法。要找到自己的真我，真實的自我。

就是這一點，讓成功的內向企業家不同於其他泛泛之輩：你花時間去想出原創想法；你不從眾隨俗，你花費心力得出自己的結論。這不需要特別努力地去比別人更大膽、更大聲或更引人注意，當你給自己空間餘裕、安適地坐下來省思，自然而然便可做到。

雖然大部分內向者都和自己的內心世界建立起強韌關係，要把自己的寶貴精力花在深入的思考、篩選通常互相衝突的資訊，也會覺得疲憊萬分。德雷西維茲接著告訴我們，即便這樣做要耗費大量精力，但這件事非常重要，其原因如下。他提到美國一處海軍基地發生的惡整新兵醜聞，並要台下的聽眾想一想，如果自己身在這麼可怕的情況之下，他們會怎麼做。在激烈躁動之時，軍校學生並無時間去省思他們自己的信念，也因此，很重要的是要先「認識自己」，之後才能面對信念遭到挑戰的時刻。你要把心力好好花在事前主動堅定你的信念，一旦重要時刻來臨，你才能鼓起勇氣根據信念行事。德雷西維茲指出，你不能等到第一次上火線時才學著開槍。

1. 威廉·德雷西維茲（William Deresiewicz），〈孤獨與領導〉（Solitude and Leadership），《美國學者論文》（*American Scholar*），2010年3月1日，theamericanscholar.org/solitude-and-leadership。

弱者無法根據真我做選擇。光是「認識自己」也還不夠，你必須要願意根據自己的了解行事。當你面對與自身理念相左的選擇時，你必須據以回應。你不能假裝不知道。這需要膽量，需要勇氣。

當你的企業還在嬰兒期（甚至已經進入成人期也一樣），花大把的時間想一想這些議題，很有價值。你的核心價值觀很可能長期一以貫之，但值得你花點時間每隔一段期間之後做個查核，就算你已經營企業好幾年了也要做（事實上，企業存在的時間愈長，這些查核也就愈重要）。請自問你自己在對你以及你的企業而言很重要的議題上採取什麼立場。你不想被迫根據恐懼或惶恐做出重要的企業決策，你希望能在穩守自身價值觀的情況下行動。

幫助客戶成功銷售的輔導教練崇博．布朗（Tshombe Brown）說得簡潔明瞭：「真實給你自由。我的自由來自一件事：我是崇博，而你不是！」

這一點有多棒？他的真我永遠都安全無虞，因為他和他的自我緊密相連。他知道自己擁有只有他才能給的禮物，就算他之前曾經和別人分享過幾百萬次也沒關係，因為其他人都不能像他這樣說出來、寫出來或想出來。他在這樣的認知裡非常安全，因此可以自由地表現與實現他的真我。他可以卯足全力，成為最好的崇博．布朗。

那麼，除了「我是貝絲．碧洛，但你不是」之外，我的真我又是什麼？我每天都這麼自問。

我心裡會冒出來和真我有關的字眼是仁心、企圖、優雅……當我堅守住這些價值觀時，我就可以根據對我而言為真的條件做選擇，而不是去做別人說我「應該」做的事。

身為內向的人，你要知道一件事：真我不在他處，就在你身上！

◎企業文化與價值觀：不只和大人物有關

如果你是一位個體戶的企業家，你很可能不太會去想到公司文化這件事，但如果你有員工，或許就會注意到有某種特殊的文化正在醞釀當中，可能是有意，也可能是無意。《想好了就豁出去：人生不能只做有把握的事，鞋王謝家華這樣找出勝算》（*Delivering Happiness*）是內向執行長謝家華的著作，內容是啟發人心的Zappos網路鞋店企業發展史，當我在讀這本書時，想到企業文化這個概念和每個人息息相關，無論是一人企業或千人大公司皆然。價值觀、真實與目的便在這裡匯聚在一起。

謝家華說，你的文化就是你的品牌，這是一體的兩面。我們都知道品牌的重要性，但我們有對於文化投注相同程度的關注嗎？因為文化和品牌實際上是一體的，因此，調和兩者是確保你的企業能培育並維持強大價值的關鍵。

價值並不單純指財務成果。以我們的討論來說，**價值**是表現出你所堅持的事物以及你的人生與事業中最重要的事物。價值觀也可以包括理想，比方說冒險、機敏、大膽、仁心、紀律、自由、幽默、開放、熱情、足智多謀以及信任。

當身為內向企業家的你選擇特意打造或助長正面的企業文化時，就要脫離孤獨或隔離，主動地根據核心價值以你的企業為核心打造一個社群。你的價值觀以及你的選項在哪些地方調和以及如何調和，將決定你的事業選擇。

這為何重要？身為企業主與變革促成者，很多人把我們強拉往各個不同的方向，他們每個人都有各自的盤算。這會讓我們覺得被四分五裂，看不清楚原來的願景。逸散的精力就等於浪費了。若有明確的價值觀「總部」，就能過濾掉噪音，不至於偏離目的。

以下這些步驟可以用來釐清與調整價值觀；價值觀是企業文化與品牌的基礎：

1. 找到價值觀
2. 調和價值觀、選項與行動
3. 讓模糊之處聚焦

步驟1——找到價值觀

你的價值觀是你的立足點，這些詞彙代表你這個人以及你所堅守的事物。Zappos網路鞋店有十大價值觀，滲透到公司每一個角落，這家企業做出的每一個決策都以此為基據。他們的價值觀包括服務、改變、樂趣、成長、團隊合作、效率與謙遜。[2]

為了拋磚引玉，我也要分享我的核心價值觀：誠實、感恩、自由、愛、貢獻、好奇、認同與成長。**你的又是什麼？**寫下你的價值觀，放在某個你經常看得到的地方，比方說變成桌上型電腦的背景、螢幕保護程式、業務計畫的開頭或是網站上的貼文。以我為例，我就用我的價值觀做了文字雲（請參見wordle.net，你可以製作你自己的），印出來，放在我的桌上。（TheIntrovertEntrepreneur.com網站上的資源〔Resources〕區附有「找到價值觀」的演練。）

2. 謝家華（Tony Hsieh），《想好了就豁出去：人生不能只做有把握的事，鞋王謝家華這樣找出勝算》（*Delivering Happiness*）（紐約：Business Plus出版社，2010年）

步驟2——調和價值觀、選項與行動

請檢視企業裡的每一個面向：

- 人：和客戶、顧客、供應商、協作者與支持者之間的關係
- 產品：貨品、服務、提供的內容
- 能見度：行銷、社交媒體、經營人脈
- 流程：財務、時間管理、組織

在這每一個面向上，你的選擇與行動和價值觀的契合度有多高？比方說，如果你重視感恩，當你把感恩和以上四個面向連結起來時，如何反映出這一點？理想上，你的價值觀是你的透鏡，你利用這些透鏡來評估所有的構想和決策點。透過感恩或誠實、真確等價值觀透鏡，你可以評估企業的每一個面向，看看你和你的價值觀之間是精準對焦還是失了焦。

步驟3——讓模糊之處聚焦

你很可能判定自己在透過企業傳達價值觀這方面大致上表現良好，但或許也注意到並未清楚呈現某些價值觀。

以下是我個人的範例：我很重視自由的文化，我希望我的企業中每一個領域都能享有輕鬆與流暢，尤其是和我的財務與時間相關的自由。但實際上我常常覺得受限。我沒有足夠的時間和金錢去做我想做的事。我並沒有將自由帶入我的企業，偶爾我還容許輕度的恐慌入侵。我關上了大門，預設為匱乏模式，這意謂我沒有足夠的精力專注於潛在客戶與同事。注意到這樣的不一致，代表我該改變。這是一個機會，讓我去探求並釐清對我而言自由的意義到底是什麼。透過這樣的契機，讓我去判定透過財務與時間管理流程挪出更多的自由後，我會有哪些感覺。接著，我可以做決定並採取符合這項價值觀的行動。

如果你特意將選擇調整到契合個人的價值觀，你的企業自然會根據對你而言最重要的事物以及你對成功的定義成長茁壯。你也會發現，你的時間和活動更流暢，不用這麼煞費苦心，自然就有更多精力可以培養人際關係。你的選擇將會強化並推進你的價值觀。你注意到模糊不清的點，很可能是你並未充分定義的價值觀，釐清定義和目的，有助於做出讓一切都能聚焦的選擇。

我們的企業文化是表現於外、延伸於外的價值觀，企業圈內的每一個人，包括同仁、客戶以及支持者，都牽涉在內。我們要讓別人知道如何對待我們。透過特意打造以價值觀為準的企業文化，我們可以保證自己送出正確的信號，有助於我們根據價值觀彼此相待。

◎你在宇宙留下的痕跡

且讓我們在宇宙間留下痕跡。

——史帝夫．賈伯斯（Steve Jobs）

當你踏出決心創業的那一步之前，很可能是在別人手下任職。你很滿意，但你也有些想法，一些恢弘的構想。但看起來你的各個重大想法，並不是變成業餘嗜好或好奇探索就能夠得到滿足。每次一有想法，你的心馬上就跳出一個問題：「我靠這要怎麼賺錢？」或者你開始勾畫願景，設想如何能用你的構想改變這個世界，或改變你的人生。

你決定要在宇宙間留下痕跡。

光是說出「我是企業家」這個舉動，你就已經展現了無比的行動力。你有意去實踐什麼，而且是用你的方式。這可能會讓你在公司裡承擔起創業色彩更濃厚的角色，也有可能完全跳出組織走你自己的路。

成就關乎你要很清楚知道自己想要留下多明顯的痕跡、是什麼模樣，然後採取行動去刻劃。

你可以自問以下這些和你的核心目的有關的關鍵問題：

- 我可以透過這家企業達成哪些我無法用其他方法達成的成就？
- 這個世界（沒錯，就是這個世界）會因為我的企業而有哪些不同？
- 我會因為這家企業而得到自由，我能夠因此成為什麼樣的人，去做什麼樣的事？
- 這家企業將讓我如何展現我的優勢、才華與個人特色？

你的答案構成你的目的宣言，一旦你走出懸崖邊緣，這就是助你高飛的雙翼。請想一想你會在以下的空白處填上什麼答案：

透過我的企業，我將實現的願景是＿＿＿＿＿＿＿。

這個世界將大不相同，因為＿＿＿＿＿＿＿＿。

我的企業將為我帶來自由，讓我＿＿＿＿＿＿＿＿。

並讓我展現＿＿＿＿＿＿＿＿＿＿＿＿＿＿＿＿。

這些話聽起來很像在打高空。你要冒的風險不光是財務而已。採取行動並向這個世界宣告「我所提供的值得各位付錢購買」需要膽量。要成為企業家，當中無疑有著很脆弱、容易受傷的元素，對於內向的人來說尤其如此；我們的內心世界豐富且充滿活力，將內心世界帶到外面來，是非常勇敢的舉動。對於你在做的事抱持熱情並有著清晰的方向感，會很有幫助。同樣重要的是你要對自己承認，當你要踏入聚光燈下，你也必須承擔風險。

你的內向優勢不僅能在你從事深入內在的工作時提供支援，也可以帶領你克服極富挑戰性的業務發展活動，這些必須要動用到你內在的外向能量。當你的內在和外在能協調運作，就能體現你的價值觀和目的。

◎我要成為我！

人生中最讓人疲憊的事就是不誠懇。

——美國作家安妮・莫洛・林白（Anne Morrow Lindbergh）

真確一詞常被濫用，但這是有理由的。真確一詞所指的狀態，同時反映了許多種概念：真實、值得信賴、可靠。《柯林斯英語辭典》指出，真確（authenticity）源自於後期拉丁文的 *authenticus*，指的是「源出於作者」，而這個詞又來自於希臘文的 *authentikos*，這個詞又來自 *authentēs*，亦即「獨立行事的人」；這個詞可拆成兩個部分：auto 與 *hentēs*，指動手做的人。內向企業家極愛真確一詞。生活在真確當中，代表彰顯你的真我、採取行動、源出於內在的智慧、完全成為本來的你。

正因如此，「假裝到你真的能做到」這句話才會讓我發火。我曾經也對自己這麼說過，卻沒有仔細去想這到底意謂什麼。我們認為，要攻城掠地時必須鼓足勇氣，換上一張勇敢的臉。我們謹記「絕對不要讓他們看到你冒冷汗」這句話，我們相信克服恐懼的解方就是假裝不怕。我們對自己說我們很興奮、快樂、樂觀、已經準備就緒，然後跳下去。

我們所受的教誨是，如果你並不覺得快樂，那就假裝。你微笑，就可以騙過大腦，相信你真的很快樂。我試過，有一陣子有用。對有些人來說，這可能就是解決之道了，但是至少有一項研究駁斥這樣的普遍想法。[3]

一群科學家追蹤一群公車司機一段時間，比較以「表象表現」（就算不開心也要笑）與「深度表現」（展現正面思考或回憶引發的快樂）和乘客互動的司機心情有何差異。

他們發現，當司機被迫皮笑肉不笑時，「受試者的心情會變差，他們在工作上通常會心不在焉。試著壓抑負面想法，最後可能會讓這些想法更揮之不去。」反之，當受試者運用正面回憶時，能同時提振心情並提高生產力。

當我們假裝，就是不承認、不認同自己的真我。當我們假裝，會讓自己疲累，耗掉寶貴的精力，這些本來可以用於將我們的訊息傳達給這個世界。

那麼，其他還有什麼選項？

首先，要有意識地承認「假裝」這回事讓你覺得很假、很虛偽、很累。重點是不要否定你湧出的感受。如果你忽視它們或是丟在一旁，之後它們將會回過頭反噬你。黑暗裡的恐懼和懷疑只會愈長愈大。

其次，我們要常說「以及」（而非「但是」），同時去做其中一群公車司機所做的事：選擇深度表現。我們要善用內心已有的東西（這些很真確）來拉動我們。這類動力可能是因為可以去冒險或是學習新知而覺得感恩。也可以是好奇心，從「我不知道將會怎麼樣」變成「我很好奇將會怎麼樣」（在此同時，你也知道無論發生什麼事，你總是應付得來）。你可以回想的回憶包括重大的成就、摯愛的人或是你最重要的啦啦隊長。

之後，當我們準備好要上場時，就會是從心中真確之處出發。我們一開始會先坦誠透明（承認「這種事真的很討厭！」），然後轉而改變我們的態度與說法，從在意我們、對我們有意義的人物、地點或事物當中去汲取養分。假裝對每一個人來說都很累，內向的人感受尤深。我們的工作本來就已經夠疲憊了，更別說每次出門還要戴上面具，承受額外壓力。有時候我們以為必須假裝外向才能融入，但實際上內向的人也有外向的一面，如果我們願意，也可以召喚出來。與人社交和展現外向（這裡指的是相對於我們的內向，而不是如同他人的外向），不必作假。

3. 安納德．歐康納（Anahad O'Connor），〈聲明：假笑有害健康〉（The Claim: A Fake Smile Can Be Bad for Your Health），《紐約時報》，2011年2月21日。

下一次當你自忖「嗯，我要假裝到變成真的為止」時，請停止，好好想一想。你的心裡是否有某種正面力量等著浮出水面，幫助你克服眼前狀況？你能否召喚你天生的外向（這一面急著要把你對於企業的熱情分享給其他人）出來助你一臂之力？

假裝很浪費精力，我們的精力是最寶貴的資產之一，請明智花用。

◎你認為自己是誰？

現在，我們已經深入檢視事實、價值觀、目的和真確，你的企業至少還需要另一個要素奠基：權威。

權威常常出現在與身分相關的對話當中，尤其是內向的人：我們常常會覺得，如果我們的權威在他人或其他事情身上，我們會比較有信心。舉例來說，如果你在大型或是聲譽卓著的企業任職，或者你負責行銷已經具備品牌認同度的產品或服務，你會因為這些外在事物的信譽而感到力量滿滿。你永遠都與客戶購買的標的保持一步距離，如果對方拒絕，你知道他們不是衝著你來。講到人們對於整家企業的想法，你也不會覺得責任深重。用劇場的術語來說，你是歌舞隊中的一員，有人指示你要說什麼、要穿什麼、何時出場，你就負責用你被交付的展現出最好的一面。

一旦我們踏出歌舞隊、踏入聚光燈下，一切就改變了。我們得曝光，沒有別人可以歸功或究責。有一位從事教練輔導的同僚對我說：「我真希望我除了自己之外，還有別的可以給他們。」她的意思是說，她希望她的權威附加在其他聲譽高於她的事物上，比方說模型、架構或工具。這完全是一股天生的渴望，如果你想一想我們之前認為創業就是要承受風險變得脆弱，這就更合情合理了。

你幾乎可以把這樣的不安套在每一件事上：其他受過訓練的人做得比我好，我又有何理由成為按摩治療師？其他人也像我一樣取得相同教法的證書，我為何成為輔導教練或顧問？我知道我成不了安瑟・亞當斯（Ansel Adams）或安妮・萊柏維茲（Annie Leibovitz）這等大師，又何苦要做一位攝影師？市場上根本供過於求了，幹嘛去當會計師或律師？答案是，**別人都沒有辦法做到像你這樣**。如果你覺得受到召喚，要透過你的企業對這個世界有所貢獻，這是因為這是一個只有你才能填補的空缺。有些人只有你才能為他們服務。你的權威，在於你實現願景的責任當中。

我也發現，當我不再執著於成為對的、最好的或是要用特定的方式去做每一件事時，比較容易有權威。這聽起來很反直覺；我們通常認為，如果很清楚自己的目標是什麼，而且有著百分之百決心要不計一切代價達成目標，會覺得更有自信、更有權威。但想用確定來掙得權威，會讓我們在風險本來就已經很高的創業路上承受更高的風險。如果我們在情緒上執著於某種特定的成果，可能會失去更多。

當你不再執著，就是允許自己用更開放的態度面對機會。你更能善用聆聽、反省與好奇等內在優勢，探索慣例以外的領域。內向的人喜歡深度勝過廣度，喜歡聚焦勝過廣布。如果你將深度結合開放，就為自己創造出更大的舞台，甚至是全世界！

放開執著有一種神奇的副作用：我們對於失敗的恐懼消失了。甚至連失敗一詞對我們來說都有新的意義，並把新力量散發到我們身上。

我們必須願意放開規畫好的人生，才能擁有在前方等著我們的人生。

——美國神話學大師喬瑟夫．坎貝爾（Joseph Campbell）

◎重新建構風險

我們要用重新探討「風險」一詞來總結本章，因為風險是「失敗」的近親，擁抱這兩者是你的成功關鍵。當我們聽到風險這個詞時，通常會認為這是要避開的事物。但是，讓我們來想一想線上辭典（Dictionary.com）上的企業家（entrepreneur）定義：「組織或管理企業的人，通常伴隨著大量的進取行動與風險。」你本來背負的期待就是要承擔風險，換言之，也就是要犯錯、要失敗，這是企業家職務內容的一部分。

內向的發明家湯瑪斯・愛迪生（Thomas Edison）這麼說：「不能用的燈泡有兩百個，每一次的失敗都給了我一些資訊，讓我可以納入下一次的嘗試當中。」

愛迪生得出這番結論之前，可能經歷了很多咬牙切齒、挫折不已的時刻，尤其在一開始的時候。我們很幸運，他的領悟替我們節省了很多時間精力。基本上，他發給了我們失敗的許可證。事實上，他提醒著我們，我們正在嘗試做的事非常可能完全無用！

將「風險」定義為「研究」可以帶來好處，此時，風險等同於蒐集資訊，是在嘗試後從中學得下一次可以用到的知識。無論你在做什麼，這件事本身都不是目的，而是整趟旅程中的一步。

若要完全善用這一點，我們必須用新手的心態來面對風險。

以下是我在風險、失敗以及新手心態這些議題上學到最重要一課的經驗：當我決定報名去上一套輔導教練培訓方案時，我花了一點時間才完全想通某些現實中的狀況：我得重新回到學校去。雖然這不是正統定義的學校，但也還是按到了我的警鈴，其中一個超級大警鈴開始驚天動地大響，這叫作「好學生警鈴」。

我就是在這樣的狀況之下接觸到新手心態的概念。當你用新手心態面對每一次的經驗時，抱持的是開放的心，不去假設你應該知道什麼事、你不知道什麼事、你擅長什麼、你會面對什麼挑戰。新手心態不去批判什麼是好什麼是壞、什麼是對什麼是錯、什麼是成什麼是敗。這會揚棄所有標籤（就連內向的標籤也會撕掉，如果這是造成負面或引發不如人感覺的源頭），純粹接受發生的事。

就我來說，在這套為期十八個月的培訓課程中，每一次在上為期三天的教室授課課程時，就能明顯看出採用新手心態的力量。在第一天上教室課程時，我放下了教練輔導的身段，活在當下。我不知道我要做什麼，因此我不感到焦慮，反而覺得好奇且願意冒險。接下來的每一天，隨著我的心裡裝滿了經驗、自我批判以及新資訊，我發現自己比較會從理性面去做教練輔導，較少觸及感性面。

我們都有力量重新定義風險，把它變成有利於我們、而非造成阻礙的事物。我們企業家必須具備高度的風險耐受力……問題不在於我們是否要冒險，而是何時要冒險。不冒險，就會停滯不前，事實上還會失去信心；我們無法學到無可避免地跌跤時要如何重新再站起來。而好消息是：當我們冒險，就會知道我們不用無所不知，也不用做到完美。任何時候我們都有選擇，來自於新手心態，來自於我們的核心價值觀，以開放的眼光、開放的心智、開放的心靈來看待自我與我們的企業。

BRAD FELD

布瑞德・費爾德

作家、部落客兼鑄造集團（Foundry Group）創投資本家。

問：多數企業家會踏上創業之旅，是因為受到某些對他們而言很重要的因素牽引，那是他們深深相信的事物。但隨著企業壯大、壓力襲來，我們很容易迷路。為何創辦和自己價值觀一致的企業是很重要的事，尤其是對於內向者而言？

我在科技業、創業界和創投業都看過相同的情況：人們替自己以及他們的公司創造出某種個性特質，但他們的行為卻不相符，在文字話語和行動之間出現嚴重斷裂。

這不僅不利於企業以及你努力要達成的目標，對個人同樣有害。描繪出一種狀態、但之後你的實際行為長期看來和你描繪的不同，這是一種歧異，從情感面上來說（這）……非常困難。這會導致很多破裂的人際關係與內心的不一致，非常累人。

問：創業必須大量嘗試與犯錯，而且通常都是在非常公開的面向。對於內向的人如何以健康的方式因應這種壓力，你有何建議？

身為內向的人，很多時候你會發現你公開在做或嘗試一些你並不是那麼擅長的事，不管那是業務、運動、音樂或任何事，反正都會讓人很不安，讓人耗盡心力。這不代表你不應該去練習這些事，只是你要體認到練習這些非常累。還有，當你用盡精力時必須重新充電、轉過身，再度積蓄你的能量。

問：你最堅守並且影響你的人生和企業觀點的信念是什麼？

我相信一句很棒的話：「人生是一段持續氧化的過程。」我們永遠都處在死亡的過程中，因此你擁有的人生是一段實際上永遠都在朝向終點奔去的有限經驗。

另一條信念是：「我們都只是一袋化學物質。」每個人都是裝滿化學物質的不同袋子，當你人生終了時，你希望自己是一袋化學物質，還是一袋碎玻璃？每次有人擁抱你時就會被刺傷，因為你如此尖銳且悲情。還是說，你希望自己是一袋化學物質，容許自己持續出現化學變化？

因此，就我來說，完整經歷這趟旅程，無論好壞，比我這一路上完成的個別成就都還重要，因為我知道人生終有時。

CHAPTER 4 ——You Must Be Present to Win: Networking for the Introvert Entrepreneur

內向者如何經營人脈——一出場就成功了八成

本章是本書篇幅最長的一章，這是有原因的。首先，這是至關重要的一種活動。其次，我問過內向的人，他們認為創業時最有挑戰性的是什麼事，大家一定都會提到經營人脈，而且通常緊接在業務活動之後。以下便是多年來人們和我分享的心聲：

「我不喜歡進到我根本不認識半個人、嘈雜又擁擠的空間裡。」

「閒談真的很難。我總是覺得我拚命想延續話題，但是對方卻左顧右盼，急著想逃離。」

「當我參加交誼活動時會感受到要推銷自己的壓力。不然的話，我又何必去？」

「經營人脈讓我疲憊不堪，尤其是那些毫無章法的隨興活動。」

「我善於和同業交流，他們都是和我從事相同類型業務的人。我不善於和潛在客戶或顧客聯絡感情。」

「多年下來，經營人脈對我來說愈來愈輕鬆，但我仍覺得這是必要之惡，而且不是我很享受的事。」

「我痛恨經營人脈！」

你是否聽見自己的經驗也在應和他們的話？我們在第二章裡重新建構恐懼，在本章，我們也要重新建構經營人脈這件事，讓你覺得更能自在地把這件事迎入你的業務發展活動當中。畢竟，無論是網路、服務或是產品導向，你的企業都要靠你踏出門外、敲門、看見與被看見。在我們深入細節之前，且先看看為何經營人脈對於內向企業家來說是這麼火熱的主題。

◎經營人脈是我們自己創造出來的地獄？

內向的人天生喜歡安靜、獨處，或是和一小群人作伴。在有空間讓我們思考、可進行有意義對話，而且能控制多少刺激會出現的環境下，我們會覺得最安適、最放鬆。對多數內向的人來說，經營人脈和我們慣處之地完全相反。交誼活動通常嘈雜、隨機而且彆扭……至少，這些場合都讓我們覺得緊張或不確定，不知道該如何在讓人不知所措的環境下安適自在。

阻礙內向企業家成為高效人脈經營者的最大障礙是什麼？答案是我們對於經營人脈這件事懷抱的說法與想法：經營人脈和推銷有關，經營人脈充滿了「我現在該做什麼？」的尷尬時刻，經營人脈要和很多人碰面，閒聊讓人很不安，還要面對帶著批判態度的陌生人。

當然，不見得所有經營人脈的活動都像內向的人認定的地獄，很多時候地獄是我們自己打造出來的，因為我們判定這必然很難熬、讓人壓力很大。我們可能會在腦子裡編造非事實的故事，認為內向的人如何如何，因此在需要閒聊的時候社交技巧笨拙、害羞、難以讓人留下深刻印象或是不管怎麼樣聊都聊不起來。交誼活動本身可能讓人很愉快，甚至（請容我這麼說）很有趣，但我們封閉自我，不接受這些可能性，因為我們事前已經先斷定經營人脈是要忍受的事，而非讓人享受的事。

要能順利地和人交誼往來，靠的是要創造出新的說法和想法，強化我們的能力，以順利從事這項對於業務發展來說非常重要的活動。經驗永遠是由我們自己賦予意義。本章要告訴你如何重新架構經營人脈這件事，從讓人疲憊、緊張不安的事，變成有益且能帶來活力的事。

不需要耗盡心力

我丈夫安迪（Andy）教會我關於經營人脈很重要的一課。當時我剛剛開始做第一份工作，任職於密爾瓦基（Milwaukee）一家小型的非營利性舞團。之前我才剛取得碩士學位，準備好去做這份職務必須要做的技術性任務：行銷、募款、磋商契約以及管理預算。但我還沒有準備好去應付和「人」有關的事，尤其是經營人脈。

安迪也很內向，但他的職務很不內向，他是一家大型非營利性藝術團體的公關總監。他必須知道如何和各式各樣的人搭上線，比方說捐款人、音樂家和媒體。這代表經營人脈與參加活動對他的工作來說很重要，而且，由於我已經和他共結連理，代表這對我來說也很重要。

在某年冬天的雨夜裡，他必須出席一位同僚的經紀公司為了慶祝得獎而舉辦的活動。會場是一處酒吧，我很確定那裡會到處有人大聲喧譁，而且彼此人擠人。於是我坐在車子裡哀號：「我不想進去，我根本一個人都不認識。那裡一定很吵，而且我也很累了。」我確定我的聲音已經表明我的立場，如果他要我下車，我一定會讓他好看。

他的答案讓當晚的我下了車；就算是今天，我還是會走出車外，因為他說：「沒錯，裡面的人你可能半個都不認識，但你可能會有驚喜。你每多參加一次活動，你就會多看到一個、兩個或三個你認識的人。有一天，當你走進去時，有一半都是你認識的人。這需要時間，如果你期待會有這種好結果，現在就必須開始現身。」

即便已經過了十六年，我還記得、也很珍惜他給的簡單建議，現在的我對此更是讚賞有加，因為我更了解安迪了，也知道有時候他也是費盡了努力，才提起精力與熱情參加另一場會面與活動。但是，當你在現場看到他的時候絕對不會知道背後這些事。我這位內向的配偶之所以能夠成功，是因為以下這些因素：

・他知道如何用不會讓他耗盡心力的方式與他人交誼
・他的焦點一次只在一個人身上
・他會走到人群的旁邊，這樣可以聽得更清楚
・他提出很多問題，讓聚光燈打在對方身上

看著他，我們可以清楚地知道，你不必天生就能自在經營人脈，這是你可以培養的技能。如果你必須經營人脈，不如找到你自己的方法，把這項任務變得不那麼痛苦、而且更能帶來好處。

◎出場就成功了八成

本節標題是伍迪・艾倫（Woody Allen）的名言，我第一次聽到這句話時，是從一般人的想法來思考。「出場」意謂去和人碰面、去參加派對、去聯誼午餐會，甚至在你覺得不喜歡時也得到場。很多時候，我覺得我的內向能量用力拉住我留在辦公室、躲在電腦後面，要我用打字取代談

話。那時候，經營人脈是「應該要做」且「必須去做」的事。還有，就算我人到了，心思也放在另外一個地方（通常都在想我的快樂天堂：一個安靜的獨處之地！）。

剛創業的前幾個星期有很多獨處的美好時光，我要做我的網站、教材和提出策略。但是過不了多久我就發現，「現身」會是我的行銷策略基礎。光靠躲在電腦後面發送電子郵件，我絕不可能打造出成功的企業。但是我向來認為經營人脈既消耗精力也浪費時間，我必須採行不同的策略來和人們搭上線，不用咬緊牙根，效果也能超越實際現身。如果我要壯大企業同時保護我的內向能量，這是唯一的方法。

你是誰？

在我們開始談這些策略之前，請先拿出你針對第三章的企業與文化章節所做的筆記。如果你打算要更常出現在更多地方，請問問自己：我要以哪一個人的面貌出現在大家眼前？請思考一下你的個人風度是什麼，以及你的客戶和顧客是因為哪些因素才被你吸引。身為輔導教練，我是帶著教練輔導的特質現身：留心、好奇、不批判，我將這些特質融入我的個人內向風格當中，通常的表現是冷靜、多聽少說。你的風度是什麼？你是愛開玩笑的人嗎？精力充沛的人？熱烈？好奇？讓人安心？很能煽動人？這些風度特質如何契合你目前的客戶以及潛在客戶對你的期待？以最真誠的你現身，帶著你投入到工作上的精力與熱情，你要做到更深入，超越坐言起行。這樣的優勢讓內向的你能在外向的人群中脫穎而出。

內向者風格的「出場」之道

我決定要做實驗，擴大我對於經營人脈頗為嚴格的定義，結果我發現有四大獨特的策略可以搭配內向企業家的優勢發揮作用，這四大策略是你現身時要對著人們、透過人們、為了人們，以及為了你自己。你隨時隨地都可應用這些策略。

・對著人們現身

這可能是現身策略中最明顯的一項。這表示你要全心地面對他人，人在、心在、靈在。你要把全副的注意力和心力都投入現場。

請記住，無論你在何處現身，都是代表你的企業。你出現的方式，是否反映出你對於成功和客戶服務的價值觀與態度？當你進入一個到處都是人的場合時，你懷抱怎麼樣的企圖心？

對我來說，答案是：「我在這裡要提供什麼？」而不是「我在這裡要得到什麼？」這樣的心態，讓我能接收到在其他狀況下會被過濾掉的想法與機會，也得到更多可能的引介。

有時候緊張或焦慮還會來插上一腳，讓我們展現出恰恰和內向相反的行為：喋喋不休，說出一些通常不會說的話；如果我們又把期待背上身，認為要在經營人脈的場合贏得業務，更是如此。事業視野顧問公司（Career Horizons）的麥特．楊逵斯特（Matt Youngquist）特別針對傾向於自找壓力、經營人脈時一定要推動銷售計畫的內向企業家提供以下建議：「說到經營人脈，很多人犯的一大錯誤就是太快向剛剛認識的人提出要求，而且提出太多要求。」如果你經營人脈的用意是希望獲得新客戶，最糟糕的方式就是直接請剛認識的人推薦。楊逵斯特繼續說：「多數時候，當彼此尚未培養出足夠的互信之前，這種『要求』會顯得太過分。」

楊逵斯特的建議讓我們卸下推銷的壓力（這股壓力通常都是自找的），並提醒我們更重要的事：去確認我們想要和誰連上線：「創業中的企業家可以做的事，是明確描述他們最希望認識哪些類型的人士（例如創投資本家、社交媒體專家、任職於特定產業的人，諸如此類），並把發球權交到新認識的人手上，在對方樂意的前提下由他們自願地去做某些穿針引線的工作。」

面對面的交誼活動對典型的內向人士來說是最耗費精力的策略，比在網路上與人交流更需投注大量實質且充滿活力的能量。這通常也可能更耗神，因為此時我們要吸收與反映出其他人的能量。

因此，我們需要針對這類活動仔細規畫，並做好準備。這可能意謂你一天或一週內只能安排一場這類活動。如果一天超過一場，你可以選擇在兩場活動之間預留大量的緩衝時間，這樣就不用急急忙忙趕場。你也可以採行「死黨系統」，徵召好友或同事和你一起出席，幫你緩和一部分「誰都不認識」的焦慮。

你要如何善用社交媒體網路？社交媒體是內向企業家最棒的工具之一，讓我們可以設定交流的步調，而且能非常謹慎地安排自我表達的方式。請好好思考你要如何以你真實的態度，在部落格、網站、電子郵件、臉書、LinkedIn、推特，以及其他各式各樣用來和朋友、同事與潛在客戶聯繫的管道出現。以下的範例說明我如何使用社交媒體：我收到一封朋友發的電子郵件，我們已經有一陣子沒聯絡了，她提到她「一直惦念著我的邀請」，終於決定要採取行動，就教練輔導一事與我聯繫。我非常在乎我在網路上的能見度，把這當成我現實生活中輔導教練的分身，這位朋友看到我分享的勝利與機會，並把這當成一種邀請，想要進一步了解，而不是當成推銷話術。

．透過人們現身

在我接受培訓準備成為教練的那一年，週末時我為了一堂課離家。我一返家，不到十分鐘，我先生安迪就告訴我他和在明尼蘇達州的一位兒時玩伴又聯絡上了，而對方有意成為客戶接受輔導訓練。這個結果出於兩個引子：首先，安迪的姊妹知道我在做什麼，然後跟這位朋友聊到我。之後，這位朋友和安迪聊，安迪也提到我的事。我不需要在場，就有兩個人推銷我的服務，同時也出現了一位客戶。這是拓展你的領域同時又保有精力的最佳方法之一。找到最願意為你加油喝采的啦啦隊長和擁護者。這些人可能是家人、朋友、老師、精神導師或是專業上的同業。請特意去尋覓這些人，如果可以的話請面對面交流，如果距離是個問題，也可以透過通訊軟體、網路電話或是電話聯繫。

從最根本上來說，你希望多了解彼此的業務與需求，這樣你才能拓展範疇，接觸到更多人。這樣的流程重點在於培養出一群互相支持的人，這類關係中的每一個人都會積極尋找機會推薦對方。要做到這一點，你需要知道每一個人提供的服務有哪些基本重點，你要去換來一小疊的名片，而且你要讓大家能很輕鬆地談到彼此（要做到這一點，你必須對自己的極簡短電梯間簡報〔elevator pitch〕有自信；關於這部分，我們會在幾頁之後談到）。分享你們雙方在客戶或專案上有什麼相同的目標。

我有一位相互支持者是一位個人整頓專家，她和女性合作，一起克服人生的過渡期。如果我遇到哪個人應能成為她的理想客戶，我會很有信心推薦給這位同僚。而當她遇見想打造永續經營企業的內向企業家時，她也會提到我。

目標是創造出貨真價實的雙贏局面。到最後，這份關係會超越推介。你可能會發現自己和支持者之間產生足夠的綜效，可轉化成正式的合作或合夥。

也請記得把你之前心滿意足的顧客和客戶加入這樣的動態中，當你的企業成長、變遷時，也要與他們保持聯繫。他們的見證、成功故事與推薦，是透過他人現身的終極形式。當客戶或顧客仍和你往來時，請他們推薦是最容易的方式，因為此時他對你以及你提供的產品服務感受還很正面。在關係結束之後再重新聯絡，對任何人來說都要花掉更多的精力，內向的人更是如此，因為我們會很焦慮怕打擾了對方，也不知道對方是否對雙方的合作經驗有好的印象，甚至連他還記不記得你都不確定。

你可以去辨識當客戶或顧客關係在哪一個階段時適合要求對方推介或背書，這樣就可以免去事後才做要付出的額外心力。以服務導向的企業來說，當客戶和你之間的往來會持續一段期間（這類服務例如輔導教練、顧問、按摩治療師、體能教練員、財務與法律服務），請在關係趨於穩定時納入一套流程查核或其他聯繫機會，問問看對方覺得你提供的服務如何、有沒有任何建議以及是否能把你推薦給朋友。你可以更進一步，問道：「我要怎麼做，才能讓你更方便對別人說起我的服務？」分發可上一堂免費課程或諮商的體驗券？幾張名片？幾份文宣？可以在線上分享的部落格或電子通訊刊物？當對方還是你的客戶的時候，大多數的人都樂於被徵詢意見並且和別人分享資源。

如果你的企業是產品導向，你可以在店內或線上進行客戶滿意度調查，在收據上加入調查的網址（並附上誘因，比方說未來購買時可享折扣）。比較私人、接觸程度高的購買活動，可以透過快速的電話詢問或電子郵件追蹤後續，問問看顧客的體驗如何，並建議他們和其他人分享自身的經驗（假設顧客的經驗是正面的！）。事先寫好簡短的電話劇本或是電子郵件範本會讓你自己輕鬆一點，這樣一來，你可以用極高的效率進行追蹤。把這變成例行公事；你不用在每次徵求回饋的時候又再另創一套方法。後續追蹤時請簡短、簡單且直接。試著安排固定時間專用於這類追蹤。連續打五通電話、一次打完會比較有效率，也不那麼耗費精力，好過分散在一天或一星期內打這些電話，讓這些事不斷耗掉你的時間精力。

· 為了人們現身

身為成功的專業人士，你很清楚，做到為了人們現身可以打造出社群，共享繁榮成功。這能以意想不到的方式拓展你的人際網，你也可能從遇見的人身上學到新事物。

我們可以利用一個方法為他人現身，就是參與對方主辦的作坊或活動。在我主持的第一堂遠端課程上，就有幾位輔導教練前來上課，支持我的新發展。筆墨難以形容當時我有多激動！自此之後，只要我的時間精力允許，我也會這樣回報同業。用這種方式與其他企業家互動，你們之間將建立起更強韌的關係，當你需要時也更容易向外求援。對內向的人來說，這也是很輕鬆的方法，僅付出少許的精力就可以建立起有意義的連結；如果活動是虛擬的或是透過電話進行，更是如此。

其他現身支持他人的方式包括：

- 當別人推介你、為你見證或提供有用資源時，寄送手寫感謝函。
- 在同業的部落格上回文，在社交貼文中互相提供連結、回推或是深思熟慮的回應。
- 花點時間在他人的社交媒體檔案上寫些讚美或提供背書。

・如果對方是作者，可以寫書評，貼在各個網路書店、平台或部落格貼文。

加入企業家相關的人脈網絡是在我創業時最棒的行動之一。這一群人秉持絕佳的理念，崇尚協作而非競爭。他們特意培養的「同舟共濟」精神，幫助我注意到哪些時候我太注重競爭，而非協作。

也因此，我才明白我的競爭態度源自於一種「匱乏心態」。我透過有色眼鏡看世界，這副眼鏡告訴我這個世界上有的東西就這麼多：有限的資源、客戶、專案和機會。當我參加活動、周圍都是更資深的企業教練時，更是有感。看著他們，想著「有一天，我也會這樣」，非常有挑戰性。但我想的總是：「我跟他們等級不同。」這是一種一再重現的似曾相識，我剛進研究所時也有同樣的想法：打從第一天起，我就認為我的同學們都是比我有天分的音樂家。這讓我陷入自我糟蹋，緩慢地向下沉淪，不斷對自己說我不屬於這裡或我不夠好的故事。雖然我個人在研究所這些年裡突飛猛進，我也選擇用不後悔的態度來回顧那段期間，但有時候我在想，如果當時不抱持那種匱乏心態，結果會不會大不相同？

當我看到比較外向的人展現優勢時，就會湧出一種「我和他們不同類」的心情。我用表現得比我更外向的人為標準來評斷我的精力，自然認為我能分到的大餅就更少了。如果我沒有及早注意到，這種心態就會帶來疏離與恐懼，這是讓內向企業家的交易破局的兩大因素。

最後還有一個可以為他人現身的方法，就是透過協會參與他人的成功。你身邊有愈多成功做到你設定目標（比方說寫書、主持成功的作坊、發表專題演說）的人，這些目標對你來說就愈稀鬆平常。你支持他們成功，代表你有更多機會從他們身上學習，並能將他們當成角色典範或精神導師。如果是你達成了他人夢寐以求的成就，那會如何？請你為了想要獲得鼓舞的人們現身，提醒他們千里之行，始於足下。

．為了你自己現身

「重要的是：誠實對待自己。」（This above all: To thine own self be true.）這聽起來難道不像內向的人特有的手法嗎？莎士比亞在《哈姆雷特》（*Hamlet*）裡為波洛尼厄斯（Polonius）寫的這幾句詞很簡單，但含意深遠。

先照料你自己的需求，是你在現身時可以做到的幾件重點之一。創業時，個人生活與專業生活之間的界線晦暗不明，有時候甚至不存在。如果我們不照料自己，不花時間恢復精力，就無法全心投入企業。

我常聽到有人說：「我沒有時間可留給自己，這根本做不到。」我充滿同理心但堅定的回答是：你一定能挪出時間。重點不在找出時間，而在於訂出先後順序。你現在是讓擔心忽略他人的內疚感或恐懼感占上風，超越你留時間給自己的本能。

決定為自己現身有幾種形式：可能是用呼應你天生節奏與精力的方式來安排你的行程，可能是花時間打個盹，或是選擇你要用面對面的方式或用電話和某人聯繫，或者婉拒本週第四場夜間活動。先從小處做起，練習給自己你需要的，比方說留在家而不是出門看電影，讓你有時間閱讀或運動。

有朝一日，當你要做重大決策（例如租一處辦公室而不是在家工作），你就會覺得比較自在，比較不會受到罪惡感或舉棋不定的折磨。請思考哪些價值觀對你而言最為重要，你又如何將這些價值觀轉化為行動。堅守你的核心並演練刻意的自我關懷，代表你將會有更多精力投入其他你想現身的場合。

現在，我們已探討完不同的現身方式如何支持你、你的目標與你的事業，且讓我們來看看其他三項成功經營人脈的考量因素：

· 如何善用你的內向能量，把這變成優勢
· 擴大人脈網的定義，納入多重管道
· 在經營人脈之前、當中與之後，有哪些實務操作可用來保護與善用你的內向能量

◎善用你的內向能量，把這變成優勢

內向的人常不明白他們在經營人脈的場合其實有優勢，這多半是因為他們認為經營人脈是一種外向、社交性的活動，很可能讓人的心靈虛脫。為了彌補不足之處，內向的人有時候會很想要試著在這些比較「外向」的場合中變得更外向一點。

但我鼓勵大家善用自身本來就有的外向部分，並和自身傾聽、觀察與內化等內向需求相融合。當你了解在經營人脈的過程中你可以應用哪些天生的優勢，就可以轉化原本可能很高壓的經驗，變成為你提供重要連結與資訊的經驗。以下是多數內向的人與生俱來的一些特質，但我們可能不明白這是經營人脈的金鑰。

傾聽

內向的人通常喜聽不喜說，這也是我們常被貼上安靜或害羞標籤的理由之一，因為我們不像外向的人這麼多話。所以，與其強迫自己多說，不如放輕鬆多聽，讓其他人負責說話。全心傾聽，不要先去想等對方停下來時你要說什麼。你要相信，當對話出現空檔時，你會知道要說什麼或問什麼。這通常很簡單，就是挑出對方說的一個字或詞，或是回應說話的人：「聽起來你好像……」，這可展現你有聽到對方說的話，而且你有興趣很想深入了解。

好奇心

之前提到內向的人喜聽不喜說，而這種人通常都擁有非常細緻的好奇心。我們會提出把聚光燈打在他人身上的問題，而不是照亮自己。若要善用這一點，你要事先準備好一些問題，等到機會到來時就可以拿出來用。比方說，你可以問：「你之前參加過這種活動嗎？」「你最喜歡這類聚會的哪個部分？」「你聽說過這位講者嗎？」「你一開始如何創業？」「今年最讓你備感興奮的目標或機會是什麼？」而我最愛的問題之一，要問出口需要一點勇氣，但是值得一試：「今天有哪些事讓你感到幸福？」

去想一些正面、輕鬆、友善又不至於太私密的問題。當你和對方談話時，你會想到更多問題。以下這項重點，也可以讓你在經營人脈的對話中更自在：做好準備回答同樣的問題。和你談話的人很可能把話題轉向你，問道：「那你呢？」知道自己要如何回答這些問題，你就可以避免目瞪口呆說不出話的時候。

觀察力

環顧四周，更仔細觀察和你談話的人。環境中會有很多線索，導引你邁向更輕鬆、更自然的對話。這包括談談空間本身（如果你剛好身處有趣場合的話），到對方的領帶、圍巾或珠寶。

注意到細微之處可以提供洞見，讓你看到對方的興趣或個性。有的時候我們會收到意外的獎賞：對方配戴的項鍊上有網球拍吊飾，或是別著扶輪社的胸針。這些是很明顯的話頭。不用擔心你不會打網球或不是扶輪社員。把興趣別在袖子上（我這裡說的是字面意思！）昭告天下的人，通常樂於談他們的興趣並回答問題。有時候，話頭不見得這麼明顯，這個時候你就可以看看活動或聚會上有什麼不尋常的或值得一談的事物。

另一種善用觀察力的方法，是注意到有沒有誰看起來像是新來的人，惶惶不安，插不進團體對話，或者是躲在後面看著。他們可能是害羞，或者不知道如何參與。

想像一下如果這個人是你，你會希望別人對你說什麼？你希望別人如何把你帶進對話裡？如果有人花了時間和心力來參加一場他應該要融入以及與人交流的活動，我們大可以說，幫他一把會讓對方心生感激。想一想你在相同的情境下有什麼感覺，然後殷勤地邀請對方參與對話。他很可能鬆了一口氣，感謝你丟個救生圈給他，你也會覺得更輕鬆，因為你有幫忙，當場又少了一個焦慮的人。

重質不重量

以「數大便是美」為前提打造出來的經營人脈策略，不一定呼應內向企業家的取向。多數關於經營人脈的討論說的都是同一件事：重點在於建立有意義的連結，而不是蒐集一疊名片，當天結束時丟在抽屜裡就算了。但是，還是有人認為經營人脈是一場數字遊戲。他們相信，你見到愈多人，就有愈多機會見到能帶你突破的那個人。

這當中或許有部分事實；如果你撒下一個大網，就比較可能認識對你的人生或事業有所影響的人。但以這條原則作為指引時，請用於決定要參與哪種類型的活動，而不是參與次數。內向的人傾向享受少數深入且實質的關係，不喜許多分散注意力的表面關係。

明白這一點後，你可以根據和你的價值觀、目標與理想市場的契合程度選擇協會組織。如果你想加入經營人脈的團體，在決定投入之前先多看幾家。和成員談談，以了解他們最欣賞團體的哪一點以及他們體驗到了哪些價值。如果你覺得契合某個團體的活力與目的，那麼這個團體的成員是五人、五十人或五百人，就不重要了；契合可以提振你的能量，而不是造成消耗。但即便如此，請考慮每個月參加兩場策略性意義高的活動，而不要出席十幾場一般性的交誼場合消耗自我。抵達現場時，請把重點放在一對一的對話，並和兩、三個人建立起穩固的連結。這樣你就可以保有精力、感受到較正面的體驗，並在離開時得到前景看好的推介。

◎迷人的經營人脈

剛好也是內向企業家的蓋伊・川崎寫了一本書，書名叫《迷人：不著痕跡影響他人的十二堂課》（*Enchantment*），還真迷人！他將迷人定義成「為他人帶來滿滿的愉悅」。請想一想這句話，並回顧我們之前談過的內向優勢：傾聽、好奇、觀察、重質不重量。少有什麼比一個能體現以上四項優勢的人更迷人。

請你易地而處，想像一個特意展現迷人特質的人讓你獲益良多。對方積極、深入傾聽你要說的話。他真心好奇，探問你一些輕鬆的問題。他注意到某些可讓這番經驗更有趣的事物。而且，他只和你說話，不會心不在焉，去看會場裡其他人在做什麼；他看來是真心投入與你的對話，和你建立真誠的關係。

再想像一下！如果某人具備這些優勢、展現這些迷人的行事作風，你會認為他是經營人脈的閃亮明星，對吧？身為內向企業家的你，每一次遇見不同的人時，也有潛力做到這一點。

◎內向人士的日常經營人脈機會

到目前為止，我們主要討論正式的經營人脈活動，你出席這些場合時帶著明確的目的，就是要和同業以及潛在客戶交流。且讓我們擴大經營人脈的定義，納入各種讓你有機會在人前談到你的企業或是了解他人的活動。在新定義之下，每一次你一出門，就有等著你的經營人脈機會。不要讓這番定義給你更多躲在家裡的藉口，這是一種提醒，讓你知道有時候最強而有力的關係就出現在不經意之處。

深愛自家企業的企業家隨時準備好分享自己的熱情，就算不是他們意料中暢談工作的場合也不要緊。從你的真心與熱情出發來談，會幫助你克服偏向自閉、不敢開啟對話的內向傾向。多多練習，你會開始看到可以在輕鬆談話中分享訊息的日常小機會。

職涯發展輔導教練楊逵斯特注意到，人們常因錯誤的假設而對於可建立良好商業聯繫的機會視而不見。「很多人在經營人脈時遭遇一大路障，都和他們（錯誤）相信自己可以有效地預測誰能幫助他們達標、誰又不能有關。我常常遇到一些人只和所屬產業的從業人員往來，或者是不把鄰居、教會熟人、健身房夥伴、業餘嗜好團體成員或他們在社交圈中其他類別同伴的可能用處當一回事。」

我們很容易陷入習慣的窠臼，僅和同業或是朋友往來；這樣安心又安全。但這會限制了可能為你提供支援的人數。就像俗語說的：「打開鎖的通常都是最後一把鑰匙。」有時候，你最意想不到的人才是為你帶來新機會的人。

如果你想擴大交友圈，了解你喜歡哪些類型的交誼情境以及哪些對你來說最有益，會很有幫助。多數內向的人不愛狂歡時光或是毫無章法的交誼活動。你要想到的是隨時隨地都可以經營人脈，比方說講課時、簽書會、作坊、簡報或靜修。我喜歡作坊，因為這裡匯聚了志同道合的人、潛在客戶和協作夥伴。而且這類場合也有焦點，因此自然有話題。

以下有一份清單列出一些極佳的操作方法，助我們見到最終可能大大影響我們成敗的人：

- 出席專業會議、大型研討會或年會
- 參與作坊、演講或書籍討論會
- 參與政治或宗教團體
- 在兒女的課外活動上和其他家長交談
- 在你的社群中擔任你關注志業的志工
- 籌組或參與聚會團體（試試看 meetup.com）
- 與其他和你有相同嗜好或興趣的人交談
- 和鄰居聊聊
- 等著看醫生、等著結帳或是等著剪髮時和他人攀談
- 在臉書和推特上找朋友（包括舊雨和新知）
- 在 LinkedIn 上和目前、過去以及潛在同事聯繫
- 和同事分享有趣的文章或資源

・和過去的老師、同學再度取得聯繫

・和人碰面，進行資訊式面談（informational interview，指正式投遞履歷前先和相關人士面談，目的為取得資訊）

你還能在清單上加上哪些？想一想你每天的固定行程以及你常去的地方，哪裡讓你在不經意當中和人互動？建立關係的機會就在你每天走的路上。

◎目前所處之地，未來想到之處

除了場合地點之外，也要考量當你現身時可能會有誰。找尋適當的經營人脈機會，找到正在做你想要做的事的交流對象，而不是永遠都和處於相同狀況的人來往（比方說，其他資淺企業家或是創業新手、提供相同產品和服務的人，或是正在苦苦掙扎的人）。請特意拓展你的人際圈，納入走在你前方幾步的人，或是已經完成你設定成就的人（比方說寫書、創辦營收達到十萬或百萬美元的企業、和全國性大客戶合作、有多處分支機構等等）。

和其他跟你處於相同企業發展階段的企業家往來很有價值，在早期時尤其如此；在這類團體當中，你會感到安心，因為會焦慮、不安、疑惑的不是只有你。你們可以互相取暖、一起腦力激盪，找出可能的解決方案。

然而，請確定你不會就此卡在這裡，只跟同類型的人交流。重點是，你要在理想客戶或顧客出沒的地方現身。當你花比較多時間在同業身上、比較少去關注潛在客戶時，你要警惕，並找到方法擴大你經營人脈的範疇（當然，必須具備策略意義！）。

◎內向風格的高效經營人脈法

現在，我們已經看過全局，並擴大了經營人脈的定義，且讓我們回到可據以為行動的祕訣和手法，幫助你自此永遠重新建構經營人脈這回事。我們要透過內向企業家的眼光來看經營人脈這門藝術，檢視你在活動之前、當中與之後可以有哪些作為來保護與展現你的精力能量。

活動之前

做好準備就成功了一半。

——《唐吉訶德》（*Don Quixote*）作者米格爾．德．塞萬提斯（Miguel de Cervantes）

一般而言，內向的人喜歡做好準備。做好準備才出席，會比臨場發揮省心。要重視你想要做好準備的渴望，按部就班，在活動開始之前蒐集資訊並做功課。

一開始，你會先想自己究竟是否擅長經營人脈。這是一種心境。根據過去的經驗，你可能會覺得自己不善於閒聊，你不喜歡和陌生人談話，等到最後必須開口時也不知道該說什麼。你可能抱持著概略式的「我不喜歡經營人脈」態度。不管是哪一種，這些態度會反映在你如何展現自我，你不用開口跟誰說，旁人也看得出來你不自在。正因如此，很重要的是要先重新建構你對於經營人脈的想法。

重新建構不代表要否定，而是代表要用不同的觀點來看你的想法，讓你從愛出發，不要從恐懼出發。你在這本書裡會一而再、再而三聽我這樣說，因為行事作為從恐懼而不是從愛出發，是我們許多挑戰的根源所在。當我們從愛之地出發，恐懼就無立足之地，也就無法施展力量。

當我們試著改變自己對於某件事的想法，透過肯定，有助於確認我們正在旅程的起點。如果我們覺得不安，但又告訴自己：「我是經營人脈的高手！我最愛和陌生人碰面了！」我們內向的腦子就會排拒這些想法，把這當成謊言。最有效的肯定，會使用認同改變正在進行的字眼詞彙。說「我正要開始……」以及「我正要變得……」（我從勵志演說家安迪・杜力〔Andy Dooley〕學到這個祕訣），你的大腦會比較容易買單。以下這些肯定說法對我以及我的客戶管用：

「放輕鬆，發揮我原本的個性，我正要變得更自在，更敢於和新認識的人談話。」

「我欣然接受能從他人身上多多學習的機會，同時分享我可以提供的美好回饋。」

「當我抱持著好奇、感恩與真誠現身時，代表我已做好準備建立新的關係。」

「我正要開始欣賞我的安靜能量，以及這份能量在我和他人建立關係時提供的助力。」

我請你也使用這些句子，或者為你自己造些句子。重點是，你要找到方法，提醒自己你能展現一些獨有且美好的優勢。我最喜歡的肯定句之一，出於蘇珊・傑佛斯的大作《恐懼OUT：想法改變，人生就會跟著變》。她要我們記得：「不管發生什麼事，我都可以應付。」我們最大的恐懼之一，是自己無法處理或面對某件事。實際上，我們什麼都應付得來。你可以應付任何經營人脈的場合！

你還可以使用以下這些方法事前做好準備，以獲得正面的經營人脈經驗。

・訂下目標

你想學到什麼？你想獲得什麼樣的經驗？你想不想和誰培養出特殊的關係？你想不想練習暢談自家企業？去想一些聚焦、合理的目標，並且多拿出一點技能。想一想以下這些範例：我想多認識三個人，並了解他們的企業。我想要在活動期間覺得平靜且聚焦。我希望練習提問，不要只談自己。我打算用微笑以及充滿自信的握手迎接大家。我打算了解我能為兩個人提供哪些協助或資源。

・「預先照料」自己

如果你做的準備是需要確定自己有些獨處時間、打個盹或做點運動，請把這些事列為優先。用你知道的方法積蓄能量。排程時在活動之前和之後留點時間給自己，讓你可以重新充電、放輕鬆。答應和某人共乘或在活動前、後和誰喝杯咖啡之前，多想一下。這些活動很可能幫你暖身或注入精力，讓你之後可以走進一個充滿陌生人的空間；但你也可能需要把這些時間花在自己身上，靜靜地澄清心思並增進能量。只有在你真心同意的時候才答應這些邀約。這樣的規畫是照顧你自己，或者說「預先照料」，在事前先把自己打理好。

・請進行網路跟蹤，嗯，我是指做點研究

我們在彈指之間就有一個珍貴的行動資訊寶庫，通常就放在包包裡或口袋裡。我大力推薦在你出席任何活動或會議之前先善加運用。如果活動上有你想要遇見的人，先去看看對方的網站、社交媒體檔案，甚至讀幾篇部落格貼文或文章，進一步了解對方。利用以網路為基礎的資訊，打造出聯繫線上與線下的橋梁。

・準備好一篇簡短的自我介紹

關於經營人脈的準備事宜，我在賽門・西奈克（Simon Sinek）的書《先問，為什麼？：顛覆慣性思考的黃金圈理論，啟動你的感召領導力》（*Start with Why: How Great Leaders Inspire Everyone to Take Action*）裡找到靈感。他發現有一種可以創造卓越的溝通模式，他稱之為「黃金圈」（the Golden Circle）。他指出，和他人建立關係以及試圖影響對方時之所以有困難，是因為我們等太久才來到核心，才提到自己為什麼想做正在做的事。我們把重點放在告訴別人我們做了**什麼**，接下來通常會談到**如何**去做，大部分時候根本沒提到**為何**去做。

西奈克說：「人們買的不是你做了什麼，他們買的是你為何去做。」我發現，內向的人對這個觀點特別有共鳴，因為我們通常把重點放在想法與影像構成的內在世界（外向的人則傾向於把較多的時間花在由人和事物構成的外在世界）。引燃每一家企業的是一個構想（這是「為什麼」），然而我們一旦陷入企業的**如何**以及**什麼**（這些是外向的表徵）時，就會對原來的火花無感。「黃金圈」的架構幫助我們描述自己做了什麼（先從**為什麼**開始，然後講到**如何**與**什麼**），不再把焦點放在我們這個人身上，甚至不在產品和服務上面，而是重新點燃我們和過去激發出來的構想以及最初熱情之間的關係。

西奈克建議我們去思考三個重要問題，根據以下的順序提問與作答：

你為何要做現在做的事？

「我相信……」這句話一開始就分享你從事目前工作的理由，重點放在哪些因素激勵了你，以及哪些因素在他人可能棄甲投降時為你帶來能量堅持下去。你是一位輔導教練、設計師、按摩治療師、屠夫、烘焙師、燭台製作者……那又如何？比起也在做相同事業的人，你提供的商品或服務有哪些過人之處更值得我掏錢？你的企業有何重要？你最強烈的信念是什麼？舉例來說，我其中一套「為何」的版本說法如下：「我深信，人充滿自信時會有魔法。」

你怎麼做？

「我的方法是……」這類描述可以說明你的產品或服務與他人不同的專屬製程或是賣點。這要比「為何」更具體。這可以量化，也可以質化，也可以描述你為了實踐「為何」所採取的行動。「我幫助人們增進對自我的信心，我的方法是讓他們更了解自己天生的類型，利用這項資訊給他們力量。」

你做的是什麼？

「我實踐的方法是提供……」這類「什麼」宣言，是體現你的「為何」與「如何」的成果。這是人們向你購買的產品與服務，是你的介紹中最直截了當的部分，但是，放到最後才說會比一開始就說更有意義。你已經利用前兩項說明激起對方的好奇心，因此，此時正適合你具體說明：「我實踐的方法，是為想要擴大天生優勢的內向人士提供個別教練輔導。」

這套找出「為何——如何——什麼」的流程，並不如表面看來這麼輕鬆簡單。請注意，我舉例說明我的「為何」時，用到「其中一套版本」這樣的說法。創業的理由很多，面對不同的群眾或平台時，我很樂意用不同的詞彙玩玩文字遊戲，你也可以給自己這樣的空間。一開始這可能會讓你覺得不安；內向的人多半喜歡精準知道該說些什麼時才把話說出口。在可以遇見陌生人的大型活動上演練你的「為何」聲明。要這麼做，是因為這是一個有用的小祕訣：很有可能，下次他們再見到你的時候並不記得你說過的話（如果你還會見到他們的話）。而且，你的談話對象很可能正忙著思考，等你說完之後他該怎麼回你！有時候我們認為，如果我們在不同的活動上使用不同的介紹詞，很可能讓市場感到混淆。事實是，除非你有讓人刻骨銘心、永誌不忘的說法，不然大家都只會記得你從事哪一行而已。

請容許前述的資訊替你挪出餘裕，不一定要求在開始經營人脈之前就演練好完美的演說。你的用字遣詞很可能會隨著你的企業發展而變動。長期下來，你會找出不同的幾套引子或找到更簡潔的方式闡明你的重點。你會發展出一套最讓你自在的介紹，你也很可能發現自己還滿享受對新認識的人介紹自己與企業的過程。

遵循你想要展現出信心的渴望，多多練習你的介紹詞，直到你覺得十分自然、全無雕鑿斧痕，藉此消除緊張。第二章提過的企業教練凡兒．妮爾森就說了，「要打從心底發言。刻意彩排過的用字與話術通常讓人聽而不聞。你只要建立關係就好。要做自己。找到雙方的共同之處，就算和你的產品服務無關也不打緊。你們都在不久前養了小狗嗎？那就談談這件事。當對方感覺來了，會自然而然問起你做的事，而且真心投入你們的對話當中。」

無論你如何建構你的簡短介紹或如何回應「你在做什麼」這個問題，都請強調你的「為何」。這套策略最適合內向企業家，因為這裡的重點在於我們提供了什麼，而不是在我們這個人身上。你提供的產品服務有什麼益處，或是你能解決什麼問題？以下這個出色的範例，是我幾年前在一場活動上聽到的：「我把人和資源串起來，投入他們關注的志業。」他的職業是什麼？非營利事業的募款人。他把重點放在他的貢獻上面，而不是職稱。

回答這三個問題的時間，不應超過二十秒左右。這不是整套商業計畫的概要說明，而是用一套簡單方法帶出興頭，讓聽話的人決定還要不要聽下去。排練可以在你要發表時幫助你放輕鬆、有彈性。要知道你在和什麼人談話，練習量身打造你的回答，以符合聽的人。

這些問題還有什麼好處？它們將重點拉到你這份事業的利基上。深入編排一套必能讓你與眾不同的說法，以反映出你的動機、個性以及利基，非常值得。

活動當中

人得到的一切收穫都是冒險的成果。

——古希臘哲學家希羅多得（Herodotus）

交誼活動本身不一定讓人疲乏。你可以用各種不同的方法照料你的內向能量，但同時又能與人們建立起有意義的關係。

第一件要記住的事（可能也是最重要的事），就是放輕鬆和呼吸。給自己空間，去關注身體是不是緊張，或者你是不是憋住呼吸太久或呼吸淺而急促。把肩膀放下來，頭動一動，手甩一甩，打個呵欠，微微笑。我發現，用雙掌蓋住眼睛，手指輕輕地放在額前，能為我帶來平靜祥和感。沒有人注意到或別人都不明白你在做什麼時，你可以偶爾這樣做，或者告退一下，借用洗手間快速的放鬆呼吸及休息。

下一個訣竅看起來或許很理所當然：穿著舒適的衣服，不要太緊、太短、太大、太小或讓你發癢。當你一直希望能坐下來把曾經穿起來舒服、但現在讓你腳發疼的鞋子脫掉幾分鐘，就很難放輕鬆、完全身在當下。

以下還有些別的方法可供參考，讓你在活動期間結合你的內向優勢：

・慢慢起步，不用馬上火力全開

不用馬上跳進去，和一大堆人握手寒暄（你可沒有要選總統）。喝點飲料，觀察群體。在別人互動時看看他們，尋找線索了解這裡的人怎樣運作。找一個你認識的人，幫你暖身、融入這個場合與整場活動。請你的朋友把你介紹給他認識的人，這會比不認識的人互相自我介紹輕鬆。

我從克理瑟禮儀顧問公司（Clise Etiquette）總裁亞登・克理瑟（Arden Clise）身上學到一個很棒的妙招：「當你在做介紹時，為每一個人提供一點有助於促進對話的資訊。比方說，如果喬愛去山上騎自行車、而莎莉最近才到雷尼爾山（Mt. Rainier）攻頂，你可以提供這些小道消息，讓他們藉由雙方對於戶外活動的共同熱情輕鬆進入對話。」你不見得知道每一個人的詳細資料，但如果知道，可以想個辦法納入你的介紹當中。身為內向的人，你會樂見你為兩人所做的資訊性介紹順利發展下去，你不需要耗費額外的心力。

· 在心理上接下主人的角色

訂出目標，透過微笑、提問以及拉一把看來不自在的人（可能也是內向同路人），把重點放在讓別人覺得自在與溫馨。不要花太多精力去耀眼奪目、展現魅力（讓這些自然而然發生），把焦點放在完全身在當下、保有好奇與展現真誠。擁有自己的能量，內外皆然。

· 問號是你的摯友

最出色的談話者，是真心對他人感到好奇的人。針對對方的工作和興趣提問。再度拿出觀察技巧找尋對話線索，比方說特殊的公司名稱。去注意哪些事可能讓對方眼神為之一亮，可能是他的家庭、最近的旅程，或是談到他的企業；多問問題鼓勵對方多說一點。你當然也可以談談自己；你的談話對象很可能把話題繞回到你身上，說道：「我剛從南美洲回來。你最近有去哪裡旅行嗎？」由於你事前已經做足準備，當下你就可以決定能自在分享的內容是什麼。

・一次只專心和一個人談話

你或許發現自己成為某個小團體的一員，但即便在這時，也請你一次只專心和一個人談話或提問。接觸每個人的眼神，但不要覺得你必須隨時掃描團體。把你善於建立一對一關係的內向天賦當作優勢。如果你真正把焦點放在對方身上，你的談話對象或許會感到榮幸。

藝術家兼創意迴旋（Creative Spirals）創辦人寶拉・絲溫森（Paula Swenson）表示：「把全副注意力放在你眼前的這個人身上並提問，然後真正把答案聽進去。傾聽的人很少，這麼做將會讓你脫穎而出，此外，對內向的人來說，聽比說容易。」

・做自己

不要認為必須要很活潑、很外向才能成功經營人脈。帶著你天生的好奇、幽默感以及傾聽能力現身。在活動當中請保持清醒，需要時休息一下，遁入洗手間或休息室，溜出去在街角或走廊上快快地走一走。

・判定何時夠了

感覺對的時候將你的能量分享給大家，當你覺得夠了，就容許自己告退。向你之後還想聯繫的人告別。不要覺得你需要特意編造藉口才能離開。沒人規定你必須留下來關燈。

活動之後

大樹也曾經是一顆緊抓住土地的小種子。

——無名氏

多數人在經營人脈活動上的失誤點在哪裡？不是他們在活動上如何現身的問題，而是之後如何現身（或是不現身）。這些人一直都只做一顆小種子，不知道只要稍加培養，自己就能長成一棵大樹。

對許多內向企業家而言，就算是去追蹤不請自來的推介，可能都是一大挑戰。這類推介可能是對方主動填寫報價單，要求你與他們聯繫，或者對方親自過來遞名片，說他想多了解你一些。

這是最溫馨的推介，但我們仍怯於聯繫他，這是怎麼了？

很有可能，這是那些惱人的懼惑疑改頭換面，變成負面的自我對話，再度探出它們醜陋的腦袋。我們可能會對自己說：「嗯，對方可能只是客氣而已。」或「我不知道，他不太像是我的理想客戶。」我們想出各種藉口，不斷拖延，而在此同時，別人會追蹤同樣的推介，推進了雙方的關係。我從各方面了解，大部分的銷售都至少要經歷過八次的電子郵件、電話或郵件聯繫才能實現。八次！有些資訊來源則提到成交之前的聯繫次數為五次到二十次以上。對於需要服務的潛在客戶來說，壞消息是多數企業家（尤其是對電話避之唯恐不及的內向企業家）試著聯繫一、兩次之後就放棄了。

讓人遺憾的事實是，多數人根本不追蹤，就算潛在客戶正恭候大駕也不上門。如果你在和對方見面後二十四到四十八小時內進行追蹤，就能脫穎而出，並能鍛鍊你在建立關係這方面的內向實力。講到培養關係，如果你能展現耐心和毅力，也能證明你關心他們的企業。我見識過需要花上好幾個月的時間才能讓機會開花結果，而不是我期望中的幾天、幾個星期。請記住，你和你的潛在客戶有不同的時間表，而他們大概不會根據你的時間安排運作（你在這方面的腳步無疑快得多！）。

重要的是，你要能感受到對方何時開始聽到你傳播的訊息，何時他們又對你聽而不聞。把你的內向能量花在完全不感興趣、但又吊著你的胃口的人身上，是一大浪費。如果你感覺到發生這種事，就對他們挑明了說，把這條線切掉。你可以直接說：「我希望進一步運用這個機會，但我覺得對你來說時間可能不對，又或許我可能無法提供你需要的。如果真是這樣的話，請讓我知道實情。我只希望在對你有益的情況下繼續對話。」

以下為討厭經營人脈的人提供的額外祕訣，可用於後續追蹤：

- 發送簡短的電子郵件或手寫便箋給每一個和你談過幾分鐘以上的對象（有用祕訣：如今手寫便箋能留下更持久的印象。）提到你們剛剛討論過的事、他如何聯絡你，並留一道門以便日後繼續聯繫（例如：「我很希望有機會和您詳談您的企業。」）。但如果你不會主動聯繫對方，就不要這麼說，而且在這個時候不要進行任何業務推銷。把重點放在對方身上。

· 給你起的頭畫上句點

如果你針對一篇文章或一本書做了介紹或提到相關資訊，請盡快打通必要的電話或發電子郵件，進行後續追蹤，在四十八小時之內最好。完成這件事的時間拖得愈久，就會變得愈困難，你也會想出更多藉口。

· 把相關資訊放入你用得上的地方

活動之後，在每一個人的名片背面寫上日期、活動、你們談過的話題以及後續的追蹤行動。製作一份聯絡人檔案（電子或紙本皆可），當你和其他人會面時可以拿來做為參照之用。能為他人搭上線（「你們兩位應該彼此認識一下」）是一項寶貴的經營人脈技能。大家都會很高興記住替他們引介某人、某一本書或其他資源的人。每一次他們聯繫你引介的資源時，很可能就會想到你。這對我們內向企業家來說可是棒透了！

◎在專業研討會上經營人脈

閉上眼，回想一下上一次你參加的大型研討會或論壇。你看到什麼？聽到什麼？感受到什麼？你的回憶可能跟我的很類似：你看到成千上百位陌生人。你的時程表上安排了一場接一場的會議，全在大型、毫無個人色彩的會場裡進行。這可能是喧鬧的展示廳，供應商站在點心盤後面微笑，努力要攻占你的注意力。當不同的活動場次開始，你又必須忍受各種閒聊，並想盡辦法破冰。彷彿這樣還不夠累人似的，就算到了最後一場也不表示今天就這樣結束了，因為你會覺得自己有必要參與「可自由出席」的歡樂時光與城市巡禮。

對多數內向的人來說，不管哪一天，參與任何一場這類活動就是很累人的事。那，一天之內全套上演呢？累死人了！

但我們每次去參與大型活動或研討會，通常會碰到的就是前述這些事（以及其他）。

即便如此，不管你信不信，我其實還滿愛參加研討會的。雖然後勤安排讓我精疲力竭，但我還是樂於聽一聽有趣的演講人談話，取用講義、備忘錄以及相關資源等可帶走的資訊，並接受挑戰以新方式思考。我總是認為，如果我離開時至少能獲得一個激發人心的構想、一個顯著的改變或是一段有意義的關係，背後的壓力和付出的精力就值得了。

但當我回想過去參加的活動，即便是我非常有興趣的，我還是要用逼迫的方式要求自己參與。光是設想活動過程就已經讓我疲累不已。我很感謝提供詳細時程的研討會；我可以每天早上拿著時程表坐下來，進行一場內心的正式彩排，畫好我的出場與離場位置。

大型活動的挑戰在於多數都訴求當天與會者必須每一秒鐘都在一起，每一分鐘都排滿活動，錢才花得值得。如果你想溜出去享受一段安靜時光，就一定會錯過一場專題演講、一場活動或是一頓餐會，當你要支付一大筆錢才能進場時，這看來並非討喜的選擇。

參加大型研討會的壓力以及化解之道

有位名叫派蒂的女士也是一位內向企業家，她要我加入她的行列，調查其他內向人士參與大型研討會的經驗。派蒂啟動這項計畫前，去參加了一場活動，和幾個人談過，他們都說自己受不了，必須用拖的才能把自己拖進會場，幾乎大家都異口同聲地說：「因為我知道這對我有好處。」派蒂的直覺是，很多內向的人想要參加活動，也希望獲得愉快的經驗，但是，大型活動塞滿內容的取向，根本完全對內向的人不利！

這次調查的亮點之一，是得出一張清單列出內向者在大型活動中感受到的最大壓力：

·毫無章法的交誼往來
·少有或沒有機會去建立有意義的關係
·沒有足夠的地方／機會讓人逃離群眾
·除了正規的時程之外，還要出席會前或會後社交場合的壓力

當受訪者被問到這些壓力對他們參加活動的經驗有何影響時，其中一位寫道：「如果我休息一下或提早離席，就算這麼做對於保有我的清醒理智很重要，我還是會覺得我錯過了什麼。」另一位則表示：「通常我很愛（這類活動），也花很多時間去認識陌生人（但請不要安排派對以及讓人厭煩的團康活動！），但之後的那個星期我精疲力竭。」

偶爾參加大型活動是每位企業家經驗中的一部分，因此，能有些生存策略幫助你從每個場合中得到最大收穫、並盡量減輕感受到的疲累是一件好事：

·讓自己休息一下

沒有人說每場活動的每一分鐘你都必須在場。看看議程，事先決定若有必要的話，你何時可

以退回你的空間或出去散散步。通常之後你可以從同事手中拿到講義、紀錄或筆記。主辦單位會給你時程，一副你必須全力以赴、全程參與的樣子，但你可選擇要不要這麼做。另一個選項是，當天活動結束時你感覺好像被聯結車輾過……這已經無助於帶來正面、帶來活力的經驗了。

·把重點放在讓其他人覺得溫馨

微笑、提問，並拉一把看來侷促不安的人。事先想好幾個問題：「你到目前為止參過加最棒的一次簡報是哪一次？」「哪些點子讓你最感興奮，想在活動結束之後落實？」或「你覺得午餐會的專題演說如何？」在菜色不重要、目的為重的大型晚宴上，這些問題特別有助於破冰。

·為了讓自己舒服先做計畫

有幾件事我們很確定：室內溫度會變動，食物品質好壞的機率也是參半。當你不會因為生理不適而分心時，會比較容易身在當下、專注學習。前述的調查中有位受訪者說了一段話，你可以想一想：「計畫真的有用，比方說，參加時程排滿的活動時可以帶個袋子裝幾件厚薄不同的衣服、飲料和點心。」

‧當你已經負荷過頭了就告退

如果你覺得自己比較想跳過伴隨活動而來的額外社交交誼或責任，包括（但不限於）歡樂時光、早餐會議或是和一群人續攤吃晚餐，不用強迫自己。雖然你很可能因為錯過主管說他釣到「這麼大」一條魚的場合而暫時覺得自己成為局外人，但是你很可能會更慶幸珍惜自己選擇獨處重新充電。學會堅定地說出「不，謝了」，不用找藉口或擺出防衛的姿態，照顧好自己。

在主辦單位特意舉辦對內向人士友善的活動（我相信許多外向的人也會對此大表讚賞）之前，我們必須把這件事掌握在自己手裡，盡力照顧自己。事實上，這一點也適用在內向人士創業旅程當中的許多面向。

我們
成功

BRYAN JANECZKO
布萊恩・簡克斯科

怪異起源顧問公司（Wicked Start）、紐廚（NuKitchen）以及啟動（StartOut）等企業創辦人。

問：多數內向的人聽到「經營人脈」時想到的就是參加活動、對滿屋子的人下功夫。你有不同的觀點；你如何定義「經營人脈」？

我把「經營人脈」定義成為了達成具體的企業成果而去管理一群精心挑選過的聯絡人，可能是接觸新的聯絡人，也可能是與現有的聯絡人維繫關係。以我來說，我「經營人脈」可能是為了受到更多用戶的歡迎，或是找到更多有意推動創業的投資人。重點在於讓別人融入我的「為什麼」並開拓機會。用這種方式經營人脈，我可以善用自己的內在能量。我比較傾向於聆聽、花時間照顧自己以及一次只把焦點放在一個人身上。一般來說，當我身在公共場合經營人脈時，我多半會顯得更外向，但我會做到聚焦，也發現一次和一、兩個人建立起比較深刻的聯繫，會比和十幾個人做表面功夫更有價值。

問：你是西奈克《先問，為什麼？：顛覆慣性思考的黃金圈理論，啟動你的感召領導力》的書迷。了解自己的「為什麼」如何讓你更能高效經營人脈？

我的創業使命（實際上應該說是我的執著）是要用簡易、按部就班的流程幫助他人更上一層樓。我擁有的每一家企業，重點都是要服務顧客。這條共同的線是我個人的「為什麼」，是我去做現在這些事的理由。一開始真實真確展現我這個人以及我的信念，就能把我的「為什麼」轉化成業務機會。甚至，除此之外，我還願意多做一點以利成功。

我有一個最佳範例可說明這一點在我身上如何發揮作用：在紐廚成立早期，我們想辦法提高曝光率。我們認為找來名人會有用。我和我的共同創辦人集思廣益，沒多久就得出結論認為莎拉·潔西卡·派克（Sarah Jessica Parker）是最適合我們的名人。

我們都認識某個認識某個人的人。有一次我去參加一場派對，剛好遇見一位百老匯的導演兼編舞家傑瑞·米榭爾（Jerry Mitchell）。在聊過他的作品之後，情勢就豁然開朗，顯然他認識每一位和百老匯有關的人，包括莎拉·潔西卡·派克的丈夫兼《金牌製作人》（*The Producers*）的主角馬修·柏德瑞克（Matthew Broderick）。我另一位熟人克莉絲汀·錢諾維斯（Kristin Chenoweth）也是柏德瑞克的朋友，因此我有兩條線，聯繫上莎拉·潔西卡·派克的機會大增。

最後，我們請柏德瑞克試用我們的服務一個月，他說好。一個月之後，他又續約一個月，因此我們採取一項大膽的做法，問問看他的妻子要不要也試用看看。一天之內，他的助理就回覆我並答應了。在她收到食物一個月之後，派克和柏德瑞克都同意我們使用他們的名氣來推銷產品。因此，我們想出我們需要誰之後三個月，她就答應了！我們的銷量成長一倍以上，我也深信，這麼做也為我們的企業帶來其他很棒的機會。

問：內向的人還可利用哪些方法，讓經營人脈替他們的企業增添助力？

你可以做三件事，以利你在經營人脈這個領域有更高效的表現，而且繼續延伸下去，你會在他人眼中成為你所屬領域的專家。第一，善用社交媒體找到你的精選聯絡人群體。在討論群組中要積極主動，在 LinkedIn 上提問題與回答，透過介紹和推薦與他人連結。找到要親自見面的人，但一開始在網路上聯繫。其次，先不要去判斷誰有用、誰沒用。每次我對某個人斷然下定論，事後都會證明我錯了。有時候我打叉的那個人最後變成救星，帶來新客戶或成為投資機會。最後，要去找明星。請記住，名人很有名，但最重要也最首要的是，他們也是人。可能會讓你感到訝異的是，他們其實樂見有人來聯繫他們。如果你認為找到名人背書或和他們做生意有助於你的企業，就把重點放在這裡。善用六度分隔理論（通常不用到六度），你可以接觸到世界上任何一個人。

CHAPTER 5 ——"But I'm Not a Salesperson!"

我又不是推銷員！

我又不是推銷員！
我又不是推銷員！
我又不是推銷員！

我這麼說可能要冒風險，但我猜，多數讀這本書的讀者不會某天早上醒來、跳下床大聲宣告：「我想要進入推銷界！」（對，不會有這種事。）但，我碰到很多內向的人都是在某天醒來之後宣稱：「我要投入自己的事業！」

他們知道基本上這兩句話是一樣的嗎？

◎為何你會覺得九成的時間都花在企業表面，只有一成花在實質面

企業家在創業第一年共有的挫折是：「我之前不知道我要花這麼多功夫做銷售和行銷。我做的經營人脈工作還比經營事業的工作更多。」換言之，你深入挖掘自己外向能量的寶庫並善加利用，想藉此帶領企業起飛。你會覺得，你有九成的時間都花在行銷、經營人脈與銷售上，只有一成的時間花在交付產品或服務，而這些才是組成企業的要素。事實上，至少在第一年，這很可能是你要面對的現實，但也可能延續更久。

雖然有時早晨我們很想躲在棉被下面，捱到退休那天才出來，但我們有很多理由堅持做下去。在「創業蜜月」期間我們願意做下去，是因為熱情、熱誠帶著我們克服一切，讓我們願意起

床。我們內在的外向自然放大，由於我們對於新的事業備感興奮，因此銷售工作做來也就輕鬆許多。

但隨著時間過去，所有的風險、主動出擊以及對利潤的需求重壓在我們身上。我們付出大把時間去做行銷、推廣、經營人脈以及一切，但就是沒做剛創業時要做的事。我們開始懷疑自己是否適合成為企業家，因為銷售這件事讓我們疲憊不已。

如果你在讀本書，你很可能已經疲累，但也做好準備要用內向者的風格重新找回能量。我們在本書中一再地重複一段副歌：要成為成功的內向企業家，我們必須特意去覺察自己的能量精力。我們必須建立有助於自身個性與風格的流程與方法。說到行銷和銷售，沒有一體適用的萬全方法。

◎利基：插下你的旗幟

當我在研究教練輔導培訓課程時，我看到很多訊息鼓勵我「去接受培訓，成為人生教練！」，我挑了一套讓我很有共鳴的培訓方案，充滿熱情地展開我的旅程。當我循序漸進接受培訓之後，我聽到另一種雜音嚷著：「你不要自稱人生教練。」什麼？我接受培訓就是要成為人生教練，但又叫我別這麼自稱？一開始這聽來全無道理，還很讓人挫敗。

我後來才發現問題，那是在我和陌生人見面並自我介紹之時，我會說：「你好，我是貝絲，是一位人生教練。」這樣不夠具體。這比較像是專業領域的分類，而不是描述我為他人提供的服務，也根本沒有反映出我的「為什麼」。這樣一來，我就和其他宣稱能為任何人服務、在任何方面提供輔導的成千上萬人生教練並無二致。

我透過對話與網路研究何謂「定義出利基」，我很驚訝地發現，許多企業家對於收窄企業市場這個想法百般抗拒。有些人接受，有些人則是把這當成最後手段。「我不想拒絕任何人」是很多人不願意宣告利基的實際理由，另一個則是「我不想太過聚焦」。

事實上，就算你付出最大的行銷心力，這些用意良好的理由很可能造成傷害，並造成以下的問題：

混淆：市場不知道你是誰，也不知道你可以提供哪些解決方案。你還記得一句老話嗎？大家都會調到自己最喜歡的電台「WIIFM」，這是「What's in it for me」的縮寫，意指：我能從中得到什麼？如果你不清楚自己要服務哪些人，要達成哪些目的，你的訊息聽起來也就像是靜電雜訊而已。一般人對於背景噪音會有兩種不同的反應：忽略，或是討厭受到干擾。如果你的訊息清晰且集中，你的受眾就聽不到雜訊。

疲憊：如果你的訊息變成背景噪音，你試著要接觸到每一個人只是讓自己疲憊不堪而已。你放在行銷上的精力，是你最寶貴（而且通常很稀有）的資源之一。對內向的人來說，從事行銷需要拓展自己的才能區（capacity zone，第九章會針對這部分詳談），而且是日復一日。少了利基，你的理想客戶是只要會呼吸的人就好，這代表你幾乎是被迫要延展自己，變得又寬又薄，才能接觸到最多人。這就像你每天都得帶著效果很弱的擴音器站上一個小舞台，想辦法大聲咆哮讓你的聲音穿透市場人群……喔，對了，在你這個小舞台周圍還有成千上百個類似的小舞台，每個人都想去接觸同一群人。這是大規模耗損精力的妙方。

創辦尚可但永遠達不到出色境地的企業：許多企業一路跌跌撞撞，沒有清楚的市場。他們相信多角化，認為定義出焦點是把所有的雞蛋放在同一個籃子裡。這對於某些人來說可能是成功的方程式，但通常的情況是企業變成一家「樣樣通，樣樣鬆」的四不像。這牴觸了內向人士對於精通、在乎深度勝過廣度的渴望。我們都在尋找兩全其美的解決方案：以多樣的產品服務一個具體的窄市場。

決定利基（或是目標市場、理想客戶或是品牌的最核心），是內向企業家可做的重要工作之一，藉此突破重圍，從平庸混雜的企業邁入出色的地步。適切定義的利基讓你可以把訊息集中在理想的客戶身上，而不是一般大眾，因此可以替你省下時間、金錢與精力。

◎我尋找利基的過程能為你的過程提供什麼資訊？

要與眾不同，要不然就滅亡。

——管理學家湯姆．彼得斯（Tom Peters）

從我開始擔任專業的輔導教練起，我很快就知道利基這件事將會糾纏我、逗弄我。我了解具備具體明確焦點的明智之處，但是，尋找焦點是一趟比我預期中來得更顛簸的旅程。問題不在於我害怕關上門拒絕某些特定的群眾，反而是因為我對太多事感興趣，我很抗拒無法讓我所有的好奇都有發揮空間、有用武之地的任何想法。

一開始，我做了很多研究，在陷入無能為力與受到啟發、展翅飛翔之間擺盪。有時候我覺得我找到某個焦點了，我要試試看合不合適，我開始把這樣的經驗稱之為我的「當日限量供應利基」，因為白天的時候看來很新鮮有趣，晚上就沒了。

二〇〇九年接近年底的某一天，我坐下來針對現有客戶撰寫檔案側寫。我納入了性別、年齡、職業、徵求教練的理由，以及我們一起合作時浮現出哪些主題。我發現很多重疊的個人特質，但是在人口統計區隔或行銷區塊上沒有共通之處。接下來幾個月，挫折沮喪不斷湧來又消失，我開始在想自己是不是正在面對一種新的創業症狀：利基缺乏失調（niche deficit disorder），簡稱NDD。

因此我放棄了，我不再試著強加焦點，最後我懂了，不是我在選擇利基，而是利基選擇我。我決定要看看，當我以真實真確、坦誠開放與好奇探究的態度現身時，會吸引到哪些人。

我在六個月後一場業務發展作坊中才恍然大悟，那場作坊證實，利用檢視心理特徵（包括態度、價值觀、活動、興趣、意見等變數）當作考量因素來決定市場，這很有用。我拿出我的客戶檔案側寫，猜猜怎麼著？答案一直就在那裡，而且就是我自己講出來的，就寫在每一位客戶的檔案側寫旁邊。我在每一條描述旁邊的空白處，都寫下「內向」兩個字。這真的是「我找到了！」的那種時刻。此時我才做好準備讀懂這個詞，完全贊同它帶來的前景與機會。

這就是我的發現利基之旅。你的可能不同，而且這是只有你才寫得出的篇章。然而，思考我的發現利基之旅讓我推論出三個簡單的想法，或許可以讓你的旅程平順一些：

信任自己與整個過程：我認識的內向人士多數都愛做研究，我們喜歡做足準備，在做決定之前備齊所有事實資訊。因此，在找出理想客戶或顧客的旅程中，你很可能也會想要做點研究，找到想法與背景脈絡。你要面對的挑戰是：讓研究為你的選擇提供資訊，而不是替你下定義。相信你的直覺。當某種類型的客戶讓你備感興奮、另一種卻讓你恐懼時，請注意到這一點。不要因為人家說某某產業或某某客戶才有錢賺而動搖。也不要陷入提供同樣利基服務的人有多少的迷思裡。（不算很多？可能這代表市場機會。很多？顯然有需求！）如果和這些客戶合作的想法（或現實）讓你覺得自己好像吞下一塊磚，請相信這種感覺，然後繼續前行。當你和能讓你容光煥發的人合作時，將能有最佳表現，並因此獲得回報且從中得到活力。

沒有人能同時滿足你的所有需求，你的利基也一樣：我永遠都會感激我的朋友兼同為內向企業家的琳恩・鮑德溫—芮德絲（Lynn Baldwin-Rhoades）對我提出的尖銳問題：你在找一個能滿足你所有需求的利基嗎？確實，之前我是這樣！我們通常認為，如果可以找到一種方法，將我們所愛的每件事與每個人都融入單一利基，那就太棒了！我們忘了，選定具體市場不代表就不能探索或欣賞其他機會。把你的利基想成是丟進水裡的石頭，激出明顯的位置，漣漪則是一圈圈相關的擴張與好奇探索。每一圈的漣漪都包含一個可能的新市場，但是你還是要把時間、精力與資源聚集在中心。

從恐懼導向的想法出發無法輕鬆流暢，那，愛在何方？還記得我剛剛說過的，不要因為人家說某某產業或某某客戶才有錢賺而動搖嗎？如果你純粹基於財務考量選擇利基或市場，你做出的選擇很可能是以恐懼為導向：擔心你的理想市場無法帶來回報，擔心偏離主流，擔心聽從自己的心聲代表你必須犧牲。你也要注意自己的恐懼是不是來自於你選定的利基引發的社交問題。你擔心這會導致你要從事更多經營人脈與社交的工作，超過你能享受的範圍嗎？你是否擔心你的利基會讓你要聯繫某些活力充沛到你受不了的人？這些當然是要考量的因素，但請注意，你之所以把這些視為負面，是否出於恐懼或因為這代表你必須付出更多精力？我們多半會從去做自己熱愛的事當中獲得能量，就算我們一開始擔心這些事會消耗精力也一樣。但當你要靠意志力撐過去時，心懷恐懼就算不是做不到，也會讓你遭逢更多挑戰。想一想你是否有精力去應付對事物的恐懼以及事物本身。

另一方面，從愛出發做選擇代表你是在契合自己的價值觀與心聲。機會將源源不絕，你能更以真誠真確、滿懷熱情的態度出現，行銷做來也相對得心應手。你做事時憑藉的是目標意圖

（這是你非常想要的感受）以及邀約（而不是「我需要客戶！」），這會比削足適履更有效、有趣。

美國搖滾巨星柯特・科本（Kurt Cobain）充滿智慧的名言切中要點：「想成為別人就是在浪費你自己這個人。」

一旦從被利基問題扼住的困境中解脫，我就感受到威力無窮、自由自在、調和一致。我感覺到我就是我，也是我想成為的我。如果你給自己空間和餘裕去經歷相同的體驗，就能順利踏上你自己的路，成為能永續經營且成就非凡的內向企業家。以開放的心態看待成果，不要緊抓住特定結論不放。抱持著目標意圖，邀請利基來找你，看看結果會如何。

◎和從事銷售與自我推銷相關的老調

內向企業家遭遇的部分問題，是關於我們用老調來看待「從事銷售是什麼意思」。

我們在市場上聽到的論調當中，有很大一部分都讓人覺得油腔滑調、買賣意味濃厚，也有人訴求低價商品招徠客戶後再引誘他們購買高價品，還有更糟糕的，那就是這些論調並不完全透明，或者是畫下大餅、承諾創造出不可信的成果。我們看到很多人採用非常激進的戰術，於是開始懷疑：我漏掉了什麼？這些技巧真的有用嗎？我真的要聽起來像**那種**調調才能吸引顧客嗎？

像這樣的方法對某些人來說必定有用，因為他們持續在用。這類戰術或許很討人厭，但是當中或許有些是我們可以借鏡、並修正為內向人士風格的地方，比方說直接、一致、以客為重的訊息。祕訣：無論何時，當你發現有什麼事或什麼人很討人厭時，請特別留意，當中或許有些值得學習之處。我的一位精神導師說，無論什麼事情讓我覺得討厭，都要「從中找到順勢療法的劑量」。這通常指向某個領域的成長。舉例來說，如果你發現對方咄咄逼人的態度總是會挑動你的神經，其實代表其中有個部分是你欣賞的。對方的直截了當讓你覺得討厭，而這很可能正是你希望自己能擁有多一點的特質！訣竅是，你要把這變成是你自己的，而不是模仿對方。

多年來我從內向企業家口中聽到的負面自我對話迴圈（而且以前我也是這麼看自己）是：當我在推銷我的企業時，「是在打擾別人」。對方有沒有填回饋單或要求你提供資訊，並不重要；當我要去接觸潛在客戶時，我都會擔心會不會讓對方措手不及，他們以後會不會記得我，或者，更糟的情況是，他們之所以勾選「請聯繫我，我想了解更多資訊」只是出於客套。我替對方編了一套故事，讓我很猶豫要不要進行後續追蹤，甚至為了這麼做而感到抱歉。

重點是你要知道這些說法不過就是個……說法，不是以事實為根據，如果我代表對方判斷他們會忘了我、認為和我見面浪費時間或是我很煩，你認為當我實際拿起電話致電時會遭遇什麼情況？當你開始辨識出自己的負面自我對話，就愈容易分清楚什麼是現實、什麼是虛構，你做了哪些假設，以及你如何將根本不存在的感受投射到潛在客戶身上、因此毀了後續追蹤。

為何內向的人天生就是推銷員

每當我們辨識出一套老調、判定這已經沒用時，另一種新調就有機會冒出頭來。第一章詳細提到內向的人從小聽慣的形容詞，例如獨來獨往、害羞或不擅與人交流。如果長期下來不駁斥這些說法，久了就會變成信念，讓內向的人相信自己天生就不適合做銷售工作。畢竟，典型的推銷員形象是外向、友善、大膽、熱情的人。內向的人或許也都有這些特質，但可能不會三不五時展現出來。內向的人可能會用比較保留的方式表達自我，身邊的人不見得能理解或辨識出來。

內向的人具備各種天生優勢，可以在一般視為「推銷」的情境下仍真心誠意，比方說和潛在客戶談話或是對顧客直接推銷。我把這些優勢稱為「超能力」，部分原因是這些通常都不為人所見，但能為我們提供能量，讓我們像超人一樣一步躍上高樓（當然，之後會安靜地著陸）。若要善用你的超能力，要先處理兩項重要的內部管理工作：

別自以為是：如果你一直擋著自己的路，想太多而且太過向內探求，那你的超能力就會減退。雖說內向的人偏好把焦點放在他人身上，但是當我們覺得焦慮時也很可能沉溺於自我。憂慮是最大的兇手。我們跑進自己的腦子裡，轉輪開始轉動很多問題，比方說：我要說些什麼？他們會對我有什麼想法？如果我說錯話怎麼辦？如果他們不喜歡我怎麼辦？到頭來，有用的是要謹記重點不在你身上，而在於你的潛在客戶、他們的問題以及你的解決方案。

跳出自我以外：你是傳送訊息的管道，而不是訊息本身。一旦你不再自以為是，就比較容易把焦點移轉到對方以及他們面對的問題上面。如果潛在客戶拒絕你，這樣的觀點也能發揮作用。同理，被拒絕的不是你，而是你傳達的訊息內容無法引起共鳴，或是對方並非你的理想客戶。不管是哪一種情況，當你培養出這種客觀性時，你可以跳出自我之外，獲得寶貴的教訓以供未來之用。

將超能力轉化成銷售力的五大步驟

讓這個世界認識本來的你，而不是你認為你應該成為的那個你，因為，如果你再裝腔作勢，早晚你會忘記那個姿態，到那時，真正的你又在哪裡？

——美國演員芬妮・布萊絲（Fanny Brice）

一旦我們找到並掌握自己的內在優勢，便可以開始付諸行動，以表現我們的基本原則。考慮採行以下的步驟，以重新設定你的取向，用內向人士的姿態來面對銷售流程：

一、**重新架構你對於銷售的想法**：把齷齪的汽車推銷員形象趕出你的腦子。銷售活動是一種「業務發展」，而你是一位教育家，你是在分享對他人有益的資訊。當你在從事教育時，你要提出你的產品或服務的對象、內容、時間、地點以及理由，還要敞開大門，讓對方決定要如何處理這些資訊。如果你不教育對方，就是沒有敞開大門。身為內向的人，我喜歡這種觀點：成為老師，把焦點從我身上移開，放在我的訊息以及聽眾身上。

二、**請記住對方為何拒絕**：對方拒絕，可能是你提供的資訊不對，或是你對話的市場不對。這很有道理，對吧？這讓我想到一句至理名言，每一位企業家都應該把這句話貼在牆上：「困惑的心總是說不。」如果你給的資訊不對或者是談話的對象不對，潛在客戶將會困惑，並且說不。通常，你會兩者皆錯，因為範圍太廣了。我們希望服務每一個人，這代表訊息要能打動每個人，這是不可能的！如果你的理想客戶或顧客是「會呼吸的人」，請想一想下一點。

三、排演你的「為什麼——如何——什麼」：我們在第四章中討論過這個概念。我在內向企業家身上看到的最大挑戰之一，是我們在腦海裡很清楚自己的賣點是什麼，但是當有人直接問起時我們就不知所云了。針對你的「為什麼——如何——什麼」問題提出簡明清晰的回答，是你能給自己與企業最好的大禮之一。一旦你想出這些問題的答案，練習大聲說出口。一開始會覺得不自然，但如果你不練習，當你身在聚光燈下，腦子裡的完美答案說出口時就會變成緊張的結巴。

且讓我們重新回顧這些特定問題：

你為何要做現在做的事？就像作家賽門．西奈克說的：「人們買的不是你做了什麼，他們買的是你為何去做。」[1]一開始先分享激勵你的因素。

你怎麼做？這在你的「為什麼」中加入行動，包括能讓你從同儕中脫穎而出的獨有特質。

你做的是什麼？最後，你才揭曉你做什麼。請記住，在簡短的介紹中你無須解釋每一項服務或產品，你的目標是引發對方的興趣並挑起好奇。

四、抗拒要快速推動流程的衝動：給對方空間聽見你的訊息、去思考你的訊息，並主動採取行動。這是一場雙人舞，對的夥伴會跟隨你的帶領。沒錯，這當中容許對方有適當時間的抗拒；但請記住，當我們這種內向的人處於匱乏模式時，對於沉默的耐受度（不管是在對話當中或之後）就變得很低。如果你針對正確的市場提供對的資訊，為整套流程留下廣闊的空間，可以創造出自信、安全與信任的氛圍。請從豐富出發，並演練耐性。

五、重複：業務發展、銷售與教育，是持續進行、日復一日的流程。你會不斷發掘和自己以及自家企業相關的新鮮事。當你收到理想客戶的回饋時，你會調整策略與訊息。你努力去做的每一件事，包括重新建構你對於銷售的說法、記住對方為何答應或拒絕、排練你的賣點以及抗拒快速推進流程的衝動，長期下來會不斷地強化，成為你的第二天性。當你學著信任自己與你的價值，其他人也會用他們的信任和業務回報你。

◎內容為王：如何把經營企業的表裡功夫變成同一件事

如果你不知道要去哪裡，任何一條路都沒差。

——《愛麗絲夢遊仙境》（*Alice in Wonderland*）的角色柴郡貓（Cheshire Cat）

業務發展不是害你和你的熱情分道揚鑣、導致你不能去做你所愛之事的兇手，反之，這讓你得以去做你深愛的事。對我來說，能將銷售重新定義為「教育」，大大改變了我分享訊息的取

1. 賽門・西奈克（Simon Sinek），「偉大領導人如何激發部屬採取行為」TED影片（*Simon Sinek: How Great Leaders Inspire Action*），2009年9月錄製，ted.com/talks/simor_sinek_how_great_leaders_inspire_action。

向。我撥打銷售電話其實是為了探究或發掘才撥，我不喜歡用「爭取客戶」的說法來思考這套流程，反之，我的使命格局更大，更把焦點放在探究上面。我邀請對方和我合作，改變世界對於內向的看法。我相信，如果我為對的市場提供對的訊息，同時創造明確的價值，這樣的夥伴關係將會帶來豐盈收穫。

為潛在客戶提供精心編製的內容，是最強力的創造價值方法之一。你提供的產品或服務核心是什麼不重要，重點在於你的潛在客戶需要資訊，以憑據知識做出決策。以有創意方式提供內容可以創造出大不同的局面，決定了潛在客戶會對你保持距離，還是把你當成無所不知的徵詢對象，詳細詢問你的產品或服務。

對內向企業家來說，這麼做的另一項好處，是你找到方法把焦點放在訊息上面，而不是你身上。你可以用突顯你最出色之處的方式來表達自己。你可以為很多人帶來極高的價值，而且在無須直接和他們接觸（因此可以為你節省精力，留待必須互動時候運用）之下就可以重複多次。

你要如何開始為企業編製內容？一開始時，我們每個人都試過一定程度的亂槍打鳥策略：你對著天空放槍，看看會打中哪隻鳥。你可能製作了很多內容，很多（如果不到全部的話）可能還都是免費的，你也得到很不錯的回饋意見和鼓勵……但是就是不見銷量。

這是拚命掙扎階段；在這個時期，你得到恰好足夠的正面回饋，你認為只要你做得更多、更快、更好、更大，路人甲就會變成你的客戶。對多數內向的人來說，這很累人。這要付出很多精力，但是你得到的回報並不多。這裡缺少的，是內容背後的策略和企圖。

最早將「失敗循環」（Cycle of Failure）概念引介給我的人，是《頑抗的造雨人：專為痛恨推銷的律師而寫的指南》（*The Reluctant Rainmaker: A Guide for Lawyers Who Hate Selling*）的作者茱莉．佛萊明（Julie Fleming）。她是這麼說的：「你坐在辦公桌前看著帳單，你說：『我需要客戶，而且我現在就要。』你動手去做你聽過任何可以爭取到客戶的活動。這麼做聽起來很奮發，因為你試著在同一時間把這些不同的事都做完。而之後得到的成果卻是兩手空空。然後你會感受到一股信心危機。」伴隨著危機的自我對話，徒然讓你更大力掙扎。你可能會開始相信你吸引不了你需要的客戶或顧客，而且你永遠都做不到。

「成功循環」（Cycle of Success）則始於類似的「我需要更多業務」急迫情境，但是此時的你不是掙扎，你規畫。你思考自己的優勢，去思考過去哪些做法行得通？你的潛在客戶在何處出沒？以及，從策略上來說，接觸到他們的最佳方法是什麼？之後你落實計畫。就像佛萊明說的：「你這是在設定外顯指標，表示你真的知道自己在做什麼。」當你強化了關係，就開始把關係轉化為業務。隨著你從中學到哪些有用、哪些沒用，你也微調循環，而且，你是從充滿自信的立場出發來做這些事。

重要的是要知道自己身處在哪一個循環當中。成功循環產生集中的前進動能（雖然有時候進度很慢），失敗循環則否，很可能是因為這只能產生讓人困惑的訊息。我要重申很重要的一點：**困惑的心總是說不。**心裡困惑的人很可能對你說：「做得好，我很喜歡你的通訊刊物！」但他們不會花時間連點成線，把你布下的每一項資訊串起來。

◎如何制定我的內容策略？

如果我們要把點連起來、呈現一幅清晰的藍圖，重點是要有一套架構協助你釐清你的內容策略。你可以用很多不同的方法打造架構，包括心智圖、編製媒體刊登計畫，或是利用線上或離線檔案工具記下構想概念。無論使用哪種技巧，利用以下這套經過驗證的公理為核心支撐起你的策略，會很有幫助：對方需要先知道你、喜歡你、信任你，才會在你或是你的企業上面投入時間、金錢或精力。

我們總是隨意說出「知道你、喜歡你和信任你」這些話，但並未深入探究，檢視這條公理到底是什麼意思。請將這想成一條指導原則：無論你編製的內容是什麼，都應該要能推進目標，讓對方更知道你、喜歡你或信任你。在「知道你、喜歡你和信任你」的循環中，處於各個階段的人如何和你以及你的內容互動？你願意承擔多高的曝險風險？重要的是要了解培養客戶關係和培養私人關係一樣，都有一個關鍵：人們願意為了真實真確和透明澄清付出更高的代價。內向的人多半看重自己的隱私，要做到真正的透明，是風險很大的提議。正因如此，你必須決定要顯露多少自我，以及要用什麼方式孕育這份客戶關係。

若想推動決策流程，並讓「知道你、喜歡你和信任你」的內容成為企業自然而然的一部分，請考慮採用「移動管理」（moves management）架構。移動管理一詞常用於非營利事業的資金發展，這就是募資專業人士口中的某種流程，他們藉此感動對方，讓對方從組織邊緣的潛在捐助人開始移動，成為參與組織使命的積極投入夥伴。

我使用相同的用語，因為我發現吸引客戶和替組織募資極為相似。捐助人（以企業來說的話，則是顧客和客戶）在一套由組織建立起來的流程中不斷移動。如果策略明確且有目標，而且組織也知道要吸引哪些人，每一個接觸點都能設計用來轉化關係，進入更深刻的連結。對於非營利組織來說，最低層次的參與是知道有這家組織存在，並加入其通訊清單；最高層次的參與，是成為提供有計畫贈禮的捐助人（在捐助人身故之後將部分的財產捐給組織）。

捐助人不一定要了解背後的流程運作。如果順暢的話，捐助人會一層層移動，無縫接軌，而且完全是由他本人決定。這無關乎操縱對方、要他去做有違自身意願或不利於其最佳利益之事，而是特意打造出一條路，從最初的好奇一路貫通到互利關係。

同樣的道理也適用於你的潛在客戶。設計得宜的移動管理流程要列出你要採行的明確步驟（以及你要編製的明確內容），讓你把客戶從隨意瀏覽轉變成深具信念。你不會向剛認識的人求婚，同樣的，你也不會把名片遞出去、然後就要求對方購買你的白金套裝。內向者的取向，是以輕鬆的態度慢慢培養關係，讓雙方在發展過程中都能評估當中的可能性。從明確的流程與架構出發，替你騰出精力資源，讓你可以交出你的產品和服務，而不只是銷售。

◎參與漏斗

把移動管理流程想成漏斗，或許會有幫助。漏斗頂端是大型開口，以一般性的內容接觸到很多潛在客戶。當經過精挑細選的人和你有了更深入的連結之後，漏斗就會變得更細，並且量身打造。參與漏斗有四個主要階段：隨意、連結、承諾、信服。

隨意

・投資：免費
・部落格、文章、引言、贈品、資源、書店、社交媒體

隨意階段提供的內容，決定潛在客戶對你的第一印象；他們正要踏上知道你、喜歡你與信任你的這趟旅程。你提供的東西不需要潛在客戶財務上的投資，也不太需要他們投入時間或精力。這個階段可能有互動（按讚、留言、分享），但潛在客戶在參與時並未期待會有人進行後續追蹤或是向他推銷。

一般而言，除非潛在客戶留言或是被要求要有電子郵件才能取得相關資訊，不然的話，他都可以繼續當個匿名的潛水者（嗯，身為內向的人，我們能體會這種心態）。人們在這個階段會開始知道你；他們是旁觀者，站在游泳池邊，用腳趾探一下池水，想著要不要跳下去。

雖然客戶投入的精力極少，但是你卻要付出大量的努力。仔細思考你要餵養「免費」這頭怪獸到什麼程度。舉例來說，當我開始做網路廣播時，我每個星期發布一次。從開始到結束來算，我每星期要花掉三到五個小時製作每一集的網路廣播。要能長期持續做下去是一筆極大的投資

（因為這不只是剪輯而已，還要找到受訪者、準備問題、實地訪談，之後推廣最終成品）。一旦我累積到夠多的網路廣播、可以組成一個相當不錯的內容資料庫，我就縮小規模，變成每個月播兩次。我的學習曲線也縮短了，因此我每一集總共只要花約三小時就夠了。編製內容會讓人感到滿足，也是接觸人們的好方法，但務必確認你在做這件事的時候也有想到自己在精力上的需求以及其他優先事項。

連結

· 投資：最基本

· 研討會、演講、視訊課程、廣播節目、網路廣播、通訊刊物、書籍

這個漏斗階段，需要針對產品和服務做更直接的溝通和連結，但內容仍是一體適用。雖然最初在發展這些內容時要花掉很多心力，但在複製與交付上會比處理隨意階段的內容更有效率。你在連結階段提供的內容，會比在隨意階段更深入反映你的專業，運用這些內容時可以在兩種方式當中擇一：（一）為客戶提供足夠的「自己動手做」資訊，讓對方可以從這裡開始進行，或者

（二）為客戶提供能激發他、讓他好奇的資訊，並讓他了解移至承諾階段有哪些益處。

在某個時候，潛在客戶會表明身分，並決定分享他的資訊，以交換和你能有更深一層的互動。通常會有價值的交換，多半形式是金錢、電子郵件地址、聯絡資訊或是其他和客戶相關的資訊，例如他來找你背後的原因（哪些痛點導致他要來找你幫忙）。潛在客戶對於你以及你的產品、服務的認知度正在提高，而且正在決定要不要喜歡你。

承諾

‧投資：有意義的投資
‧聘任以從事教練輔導、顧問諮商、建議、訓練、交付服務／產品

在承諾階段，互動與內容從一對多變成一對一。在了解你進而喜歡你之後，客戶也決定要信任你，這樣的承諾更深刻，而且也更具個人色彩。這是你的某些內向優勢可以發光發亮之處：你樂於進行一對一的對話、你有傾聽技巧，而且你偏好深入挖掘主題。透過教練輔導、顧問諮商、提供建議、循循善誘或是提供直接客製化的產品／服務，你們雙方可以合作。你提供的是量身打

造的資訊，你們可透過協議或契約建立正式關係。你有了架構完備又靈活的服務／產品套裝，納入了條件、交付項目以及明確的預期。

信服

· 投資：大量

· 高階、頂級的方案與提供內容、長期關係、推介、支持擁護

和身在信服階段的客戶合作，是他知道你、喜歡你且信任你的終極成果。是你之前創造出來的資訊與內容，導向了這個結果。對方深信你和你的企業可長期滿足他的需求（期間要看你的業務性質而定，長期指的可能是幾個月或幾年）。他成為你的支持者，也是優質推介的來源。他陷入了愛河！你交付最高水準的產品和服務，不管是以品質、客製化程度以及投資的財務資源來說皆是。到了這個時候，重點比較不在於你要求要進行銷售，更重要的是，客戶會問你願不願意接受他。

編製內容時，要想一想適用於參與漏斗中的哪個階段。將明確的益處傳達給潛在客戶，並根據客戶在漏斗的不同位置發出具說服力的不同號召，要求客戶採取行動。你的說法與訊息是你所創造一切的支柱。在每一個參與層次上，你有機會和潛在客戶溝通並進行教育，讓他們知道你要如何解決他們的問題。

在流程中的每一個步驟也都是一條路徑，牽引出你的優點以及你想帶給別人的事物。而且，一旦對方成為你的客戶，這些步驟也不僅止於是你的策略環節而已。為了維繫信任，重要的是要讓客戶持續感受到他了解你、喜歡你。從所有的內部、外部觀點來說，你的真實真確將會決定你的成就。你不希望他們和你簽訂協議幾個月後，看著你時心裡想起了一句話：「這不是當初和我締約的那個人。」

◎要從何處找點子以發想好內容？

一旦你決定要把提供內容當成企業裡很重要的一部分、也定下了策略，第一個問題通常是：「我要從哪裡去找好點子，而且能常常找到？」身為內向的人，你有敏銳的觀察力和與生俱來的好奇心，它們可以發揮力量，為你蒐集資訊並讓你的企業可以用上。

好的內容構想俯拾即是。你不用強求；重點不在於要聰明、風趣、智慧、機巧或要多麼別出心裁。最有說服力的內容（這一種最能吸引理想客戶的注意力）是真確、有用、和對方所關心的事息息相關，而且能激發想法。

一旦你下定決心要保持好奇，並對資訊抱持開放態度，想法就會從四面八方而來。你會有很多概念，你必須開始編製一張隨時修訂增補的列表，確保自己能夠全盤掌握。（一定、一定、一定、一定要隨身攜帶小筆記本，寫下你想到的想法，口袋型筆記本就很棒！你以為自己會記得，但其實不然。）我從很多地方得到靈感，比方說糖果包裝紙、塞在高速公路上的時候、我最喜歡的電視節目、汽車保險桿貼紙、珠寶和詩歌。當你不經意之時，最棒的想法就自動送上門了。

隨著愈來愈多想法出現，你要開始整理成符合邏輯、有系統的格式。這套方法特別適用於部落格和社交媒體貼文。制定媒體刊登計畫，納入有時間性（例如新年或是春天的第一天）以及隨時隨地（包括你需要休息或是度假時）都可以插入的「長青性」內容構想。

以下有一些日常資源，可以幫助你累積大量的構想。（完整列表請見 TheIntrovertEntrepreneur.com 網站中的資源區。）

客戶：你每天所見證的都可以成為故事、突破、洞見和互動，為你所做的事帶來深入觀點。你可以在對方許可之下直接引用故事，或是以匿名為之。

新聞報導／頭條：使用最近相關的事件當作楔子，帶出你的具體訊息。

名言錦句：在你最愛的嘉言錦句當中尋找靈感，包括激勵人心的、契合時事的或是對比的說法。

學到的教訓：分享你自己、你所屬領域中的他人或是你的客戶學到的教訓。

回應別人的部落格、著作或引語：貼出評論、相左的意見，或是提出另類而討人喜歡的觀點。

◎從靈感到實踐

現在你有一本寫滿點子的筆記本，要如何用在現實生活中呢？你有很多選項可用來分享資訊，填滿參與漏斗的每一個點。當你收到別人的回饋，或是隨著你更了解所屬領域中思想上的領導者又提出哪些看法，你會得到更多想法。（祕訣：替自己設置一個「info@」或「news@」電子郵件帳號當作你的訂閱／簽署帳號，用來收取你想收取的推廣電子郵件以及與對方聯繫。）

請記住，你不需落實每一個構想。挑出幾個，契合你的精力、願景、資源與策略。重質不重量。給自己空間和餘裕，留一點研發時間，看看哪些做法有用，哪些沒用。要把你的內向能量當成你最寶貴的貨幣。如果你的決定能滿足自己的精力需求，比較可能替企業打造出可長久、可成功的方案。不要太糾結在結果上；你或許熱愛提供視訊課程，而且很擅長此道，但如果你的潛在客戶沒有反應，或不符合你訂出的成功定義，那麼，視訊課程可能不是把時間花在刀口上的最好方法。走進敞開的大門，不要硬闖已經封閉的門扉。

以下有幾個範例是你可以用來傳達訊息的方法。不要只是拉出明顯的部分，放棄其他比較不常見的選擇；逐一考量，看看每一項策略如何以深富創意的方式幫助你接觸到潛在客戶與客戶。也同時考量哪些構想最能為你帶來精力，哪些又讓你覺得會吸乾你的資源。（完整列表請見TheIntrovertEntrepreneur.com 網站中的資源區。）

專訪專家：找到你所屬領域或是利基市場的專家，專訪他們，放上部落格、影片部落格，或是製作成電台節目、網路廣播或是寫成文章。

主題入門系列：針對你的利基市場中的極基本資訊發展一系列的內容，透過視訊課程、文章、部落格或任何對你來說有用的方式傳遞。請記住，基本資訊是好東西。不是每個人都具備你的知識，而且，就算他們懂，通常也會歡迎別人針對舊資訊提出新觀點！

著作：如果你希望大型研討會、作坊或其他專業會議上有人付錢請你演講或被人介紹，撰寫並出版（包括自費出版或傳統出版）書籍就是你的基本企業元素。

電子書：這是一個很平價的出版與發布選項，也讓你可以用比較小的篇幅創作內容，然後再慢慢擴展。

電子課程：利用聲音、影片或文字，在一段較長的期間裡（幾天或幾星期）導引你的客戶透徹了解特定主題。型態可以是即時的，也可以是隨選的。

特殊報告、**白皮書**、**案例研究：**提出問題並提供解決方案的短篇文件，可以幫助人們做決策。這類文章通常會直接或間接提出立論，指向你的服務就是解決方案。

在家學習課程：為客戶提供自主學習內容，讓他們可以用自己的步調運用線上資源。

靜修：這類推助式的體驗多半持續幾天，並選在辦公室以外的地方舉辦，聚焦在以高度個人化、體驗式的方法提供資訊。

演說：每天都有機會公開演說。尋求機會在地方的服務性機構（扶輪社、同濟會等等）或地方專業協會演說、主辦活動或會議，或是加入國際演講協會（Toastmasters）。發展出三到四個重要主題，編製講者工作表，然後上台開講！（第六章會再詳談。）

網路電台：使用 BlogTalkRadio 或其他線上形式，製作節目在特定時間播放，並容許下載。你可以完全控制你的節目。如果你去找贊助商，找到廣告主，或是對上節目的來賓收費，這也可以成為創造收益的來源。

當你在發展內容時請考慮以下這一點：身為內向的人，你非常可能在獨處的時候激發出你最好的想法。但我們可能到最後只能盯著一張空白的紙，我們在原地踏步，因為我們完全沒有可回應的標的。我有很多客戶發現，如果有點架構的話，他們會比較有創意。有架構讓他們不用去思考一個想法的所有要素或邏輯，轉而去遵循自己的直覺與想像力。我提供一些線上資源，你可以找到一張我編製的工作表，這是很有用的工具，可以一路導引你走過編製內容的各個重要面向。如果你不是那麼直線思考的人，可以考慮心智圖法或畫出你的想法。

◎由你定義成功的標準

《過你熱愛的生活》（*Live a Life You Love*）的作者蘇珊・比亞莉（Susan Biali）醫生和她扮演的醫生角色緊密相連，她有許多外顯的成就，像是得到全班第一名以及獲選為傑出住院醫師。然而，她的內在成功定義並未契合她的外顯成就。她明白日常生活並未讓她感到熱血沸騰，這只是要「過下去」的生活罷了。這一點讓她釐清成就對她來說有何意義：「如今，成功在於我的生活要有重大意義，讓我對於目前的生活感到興奮無比，但之後繼續向前邁進，在未來創造出我希望為自己創造的美好體驗。」

本書通篇要傳達的根本訊息，是你能自己定義成功的標準，彰顯並珍重你的內向個性。說到創業，無論是規畫、行銷、經營人脈、系統、協作或產品開發，一體適用的建議會帶你走上崎嶇難行的道路。

在行銷活動上尤其如此。如果要說我看過的內向人士對這方面表達過哪些挫折，那就是他們看到很多人採行光鮮亮麗、幾乎過了頭的方式……他們會想：「雖然這讓人覺得很討厭，但我該不該也這麼做？」畢竟，這種方法一定有用，不然別人就不會去做了！

這些技巧對別人來說可能有用，但這並不表示對你也會有用。如果你在自己傳達的訊息當中無法讓人覺得真實真確，你的潛在客戶也會知道。

企業家常把很多詞彙掛在嘴上，卻又不去想實際上的意義，成功就是其中之一。當然，每個人都想成功。我們或許都同意，如果把成功當成失敗的反面，是全世界通用的元素，但這個定義的用處也就是這樣而已。定義成功是很複雜而且很具個人色彩的事，就像你一樣。

事實上，你設定的成功定義，很可能承襲於父母、師長、朋友、精神導師、主管或是同事，從他處借來的定義核心可能是金錢、頭銜、權力、資格身分、獎勵、出版作品，或是當你走在街上時有多少人會朝你揮手。

以上都是成功的社會性標誌，而且這些標誌本身並無對錯可言。說想要賺到多少錢或是想成為某個圈子的一份子，這沒問題。但內在或許沒那麼具體的獎勵也能同樣激勵著內向的人。我們讚賞外顯、具體的證明，但我們知道這不過是外在象徵，代表了我們內心感受到的成功。

丹尼爾·品克（Daniel Pink）在《動機，單純的力量》（*Drive: The Surprising Truth About What Motivates Us*）說過，能激勵人的並不是過去所想的賞善罰惡系統，反之，人們會因為擁有三件事而覺得獲得了獎勵：自主、精通與目的。

自主：這種自由度讓你可以按著你自己的鼓聲向前邁進，你很獨立，不必對別人的願景負責。

精通：在你所屬領域中變成世界級的最佳人才。

目的：為他人、他們的流程或為全世界創造出不同的局面。

輪流想一想以上三點。你之所以選擇創業這條路，很可能是因為你就算不是三者全要，至少也是在尋找其中一項。身為內向的人，你最注重的可能是能以自己的步調工作、善用你的內心世界以求得創意和洞見。內向的人也喜歡沉浸在主題或任務當中，不喜歡淺嚐即止、分身乏術。還有，雖然幾乎每個人都渴望能在工作當中找到使命目的，但更重要的是，內向的人看得出目的使命在他們的企業中扮演什麼角色。畢竟，你耗費了精力才實現這一切，如果你還要不斷地自問：「這到底是為了什麼？」動機的基礎在於物質獎勵而非意義，就會讓你不斷地消耗自我。

除非你先找到哪些因素可以激勵你，否則的話，你的行銷作為不會成功。對我而言，成功的第一是自由，是免除的自由（免於擔憂、壓力、無聊、妥協），也是去做的自由（去從事、去說、去行動、去給予、去創造、去獲得）。我知道自主非常能激勵我，緊接著的激勵因素則是我能精通自己所做的這一行，以及帶著目的與使命過生活。

你如何定義成功？是一種感覺嗎？是一種自由？一種具體可見的成果？某種信心或理解？一

旦你知道自己的整體性成功定義，就能訂下和目的使命有關的目標，不僅用於你的行銷作為，也可用在生活中的每一個面向。

◎對你來說值得嗎？

你僅能在你愛之事上有所成就。不要把金錢當成目標，反之，要去追求你熱愛去做之事，然後把這件事做到好，讓大家無法把眼光從你身上挪開。

——美國作家瑪雅．安潔露（Maya Angelou）

我們選擇創業之路，跟隨自己的熱情。我們想要分享自身的天賦、學習新技能，並且為了替客戶帶來益處大展身手。這充滿樂趣，有時候也很輕鬆，就算我們從中賺不到半毛錢，我們也會去做。

如果我們做的是自己熱愛的事，那太棒了！但請記住一件事：你創辦了一家企業，而不是經營一種業餘嗜好。你的企業是你在專業上的追尋，你的其中一個目標，是要從你所做之事獲得財務上的回報（請記住，創業的其中一個明確目的就是要創造利潤）。你可以非常熱愛這項工作，愛到你不相信居然會有人願意付錢讓你去做你鍾愛之事；這是創業的一大好處，有人付你錢讓你去做你熱愛的事。如果沒人付你錢，這就變成你的業餘嗜好：是你在專業之外會做的事，你會去做，純粹出於你對此事的喜愛。

因為愛這個字，職業與業餘嗜好之間的界線可能變得很模糊，如果你對於自家產品或服務的價值、或者在你對他人談到你的服務價值時有一絲的恐懼或懷疑，更是如此。如果不去因應，這股恐懼很快就會把你的事業變成業餘嗜好。

你可以用幾個標準來判斷你經營的是一家企業還是一項業餘嗜好，但就我們的目的而言，我要把標準放在財務面向上。用最具體的話來說，你有沒有針對你提供的內容和服務收費，而且是收取適當的費用？

剛創業時，你很自然會比較看重經驗超過金錢。你希望能有一些客戶能列冊，有些正面的證言，並在利害關係十分重大之前能先「犯錯」（亦即，從你的經驗中學習）。以我為例，我提供一定數量的無償公益性教練輔導，以累積經驗以及我的認證時數。

提供一些免費的樣本產品或服務，也很有價值。我在創業的前兩年會提供免費的視訊課程、網路研討會以及作坊，這些活動是絕佳機會，讓你開始發展內容並進入研發階段。我收到許多回饋意見，幫助我琢磨我提供的服務，也有很多證言與信任。在真正有實際經驗「之前」躲在相對安全的這一邊說「我要來辦一場作坊」是一回事，站到另一邊、真的辦一場會議並且能自信地昭告天下說「我辦到了！」又是另一回事。

一開始，人們也會期待有免費內容，這些也可以成為你以及你的企業的寶貴學習實驗室。信心比現金重要，名聲就能讓你昂揚。

但你總會來到轉捩點，有一天你會承認，你已經做好準備，除了名聲以及名聲帶來的溫暖、迷眩感，你還要更多。當然，你可以多上一堂課，多辦一場試驗性質的作坊，多寫兩篇文章，多累積十個鐘頭……對成功的企業家來說，學習永無止盡，但是，這可能變成妨礙你採取行動的藉口。

從業餘嗜好模式轉為企業模式非常重要。你必須學著對你要提供的內容有足夠的重視，以致於你不能再大放送了。

我從內向企業家崇博．布朗身上學到一套很棒的重新建構方法，重新審視金錢在企業裡的角色。我去參加一場作坊，他分享他個人的哲學，而這套哲學也永存我心：我打造出值得客戶花時間投資的東西，而當我給客戶機會透過財務方式對我所提供的東西表示讚賞時，這才是雙贏局面。換言之，如果我免費發送我的產品與資訊，那就是不給客戶機會讓他們對於收到的東西表達感謝。

用你提供的內容和服務收取費用是一種認同，代表這值得客戶投資時間與金錢，而且你很努力才創造出這番價值。

就像俗話說的，我們要告訴別人我們希望得到什麼樣的待遇。對於內向的人來說，這樣的觀點很可能並非顯而易見，我們需要去培養一種覺察力，知道自己對他人投射出哪些訊息，這表示我們要從外部來檢視自己（而不是從我們習慣的內在來觀照）。我們必須去注意，關於別人應該如何回應我們這件事，我們到底放出了什麼樣的信號。

當你面對要替你產品或服務定價的問題時，請考慮以下幾個因素：

要求你想得到的：如果你壓抑自己的邀請與渴望，不敢把人們引來你的企業，你就是對他們下逐客令，而他們會照單全收！如果你希望大家過來或和你做生意，重點是要給他們明確且充滿自信的邀請以及扎實的理由（為他們增添的利益與價值），讓他們現身。

相信你的個人聲音自有其價值：你提供的內容很寶貴，因為別人無法說出和你一模一樣的東西。如果你假設你要拿出來的東西必定要石破天驚才有價值，那就是在自己身上強加壓力。在現實中，能讓你與眾不同的並非極端、過去從未聽聞的想法，而是你放在訊息中的信心，以及你有能力在對的時間和對的人分享。

你永遠都有選擇：當你覺得自己別無選擇時，就是任憑以恐懼為基礎的想法發揮力量。這樣的處境是一個好機會，你可以進行新的演練，彰顯你的價值，不要根據對方的反應定價，而是根據你的目的以及你對於提供內容的價值有多少信心。

不管發生什麼事，你都能應付：你會湧出很多讓人恐懼的「如果……那該怎麼辦」，答案是「我可以應付」。倘若你太拘泥於特定結果，很可能會把所有比這差一點的都當作失敗。比較健康的取向是保持好奇：「我在想到底會怎樣。」你選擇相信，不管發生什麼事，你都能應付。你會從中有所學習、有所成長。

要求你想得到的：（沒錯，你沒看錯——我又再說了一遍。這句話聽到再多次也不嫌多。）當我們從自信的立場出發要求自己想得到的，這是在幫助對方，讓他覺得受邀請、被需要。他們會欣賞互有往來的價值交換。我們都已經脫離了覺得自己是仰賴他人得到所需的那種尷尬過渡期。

◎找到中道

你還可以從另一個角度來看待銷售流程：培養你的「中性性格」能量。「中性」

（ambivert）是指在內向—外向光譜上落在中間的人。社交和獨處都同樣讓他們覺得自在，他們對這兩者也有相等的渴望。賓州大學（University of Pennsylvania）華頓學院（Wharton School）的亞當．格蘭特（Adam Grant）最近做了一項研究，支持平衡的做法：這種做法可以展現你同時善用內向與外向能量時的價值。

格蘭特針對三百餘人進行一項人格特質調查，之後追蹤他們的銷售業績三個月。他 開始的假說是外向的人提報的業績將僅是差強人意，表現不會優於比較內向的人。他的假說成立了。在內向—外向光譜中落在極端的人，成果都不如落在中間的人。中性的人銷售額比內向的人高百分之二十四，比外向的人高了百分之三十二。格蘭特認為：「由於中性的人天生就能融入比較有彈性的談話與傾聽模式，他們也比較可能展現充分的果決與熱情，以說服客戶並完成交易，而且也比較傾向於去傾聽顧客的興趣，同時不會表現得過度興奮或過度自信。」[2]

2. 亞當．格蘭特（Adam Grant），〈外向型銷售典範的省思〉（Rethinking the Ext-averted Sales Ideal: The Ambivert Advantage），《心理科學》（*Psychological Science*）第24期第6卷，2013年。

這些資訊對於內向企業家有何用處？第一，這證明了說到銷售，內向的人已經有了個好的開始；比起多聽少說的人，太愛說的人反而會讓你的典型買方打消念頭。其次，多數人身上至少都有一些中性傾向，而不是走極端。這表示你要做的可能只是讓你已經具備的潛在外向技能變得敏銳，而不需要完全從零開始，最後，這幫助我們從預期當中解脫，不再認為人一定要非常外向而且天生能言善道才能成為高效的業務員。多聽少說是一種邀請，這是多數內向的人與生俱來的能力（畢竟，就像希臘哲學家愛比克泰德提醒我們的：「我們都有兩隻耳朵和一張嘴，所以我們聽進去的可以比說出來的多一倍。」）

JOHN E. DOERR

約翰・杜爾

潤雨集團（RAIN Group）共同總裁兼暢銷書《洞見銷售：讓人訝異的研究，剖析銷售冠軍的差異性作為》（*Insight Selling: Surprising Research on What Sales Winners Do Differently*）作者。

問：你研究導致某些人能順利推銷、某些人不能的差異性因素，研究結論怎麼說？

我們看到銷售贏家與次級成交人員的作為最大差異之處，在於前者提出新的洞見和想法。過去客戶仰賴銷售員讓他們了解產品和服務，因為一般人無法靠自己找到所有相關資訊，但如今買家愈來愈老練，因為網路之故，他們現在可以取得更多資訊。

銷售人員也因此變成顧客評估價值時的一部分，他們在人們購買的價值中占了一部分，而這部分也是讓他們差異互見的因素。

我們看到的第二點，是銷售贏家會在銷售流程中協作。他們不是在向買方推銷，而是和買方一起合作，一起想出能讓買方的生活更美好的解決方案，無論對方對現況滿不滿意，也不管對方考慮的是事業生活、個人生活還是兩者綜合。

問：創業一定會吸引內向的人，但是他們不見得樂於從事銷售流程。他們希望聚焦在提供產品和服務，而不是在銷售。你從成功的銷售中學到哪些重點，可以助討厭銷售的內向人士一臂之力？

他們必須擺脫原本的認知，不要認為完美的推銷員就是去外面到處握手的人，也不要認為他們是那種永遠開心、快活、誰都可以交朋友的人。內向的人多半天生具有洞察力，他們多半內省，他們善於傾聽，他們能分析自己聽到的訊息，並提出解決方案。銷售不光是施壓、強求對方購買。如果內向的人拿出優勢，為對方連點成線，並根據自己的了解與洞見提出解決方案，就真的可以表現出色。

問：內向的人如何善用這些優勢，以便在銷售時更有自信，並發展出一套一貫的做法？

身為企業家，你可能發明了什麼，或是開創了什麼新事物。你用白紙黑字寫出來、然後去教導以及呈現給他人，是吸引買家的方法之一。

不要一直施壓催促，你可以改用拉動策略：開始書寫，開始討論，開始呈現。我們都知道，某些最出色的演員與公眾演說家實際上都是內向的人。

他們利用舞台以傳達對他們而言很重要的內容。他們內在的企圖心說：「此時我要大躍進，走到外面，和陌生人見面、討論，因為我對我的產品有信心，我對我的公司有信心，我對於我提供的事物有信心。」在此同時，也請謹慎行事，不要把內向者的標籤當成藉口，而不去做其他重要的銷售活動，例如經營人脈，因為我們都知道，要超越傳統模式有可能做到，內向的人大可走到外面去接觸全世界。

CHAPTER 6 ——It Takes a Village

集結眾人之力

無論你把他們稱之為你的部落、平台、網絡、社群還是同伴，你都需要一群人才能創立強大且長久的企業。是的，即便是內向的企業家，也需要身邊有人才能成功！身為特定客戶、顧客與同事社群的領導者，我們不能在真空當中運作，我們的抽離也不能多過參與。我們確實有空間可以關上門、掛掉電話，讓自己退出喧囂嘈雜，休息一下，但是，現代的企業家背負期待，要和客戶、顧客高度互動，與過去相比有過之而無不及。社交媒體的興起更要求我們要一貫、透明而且隨時找得到人。

但對內向的人來說，事情還有另外一面：我們的生活中涉及愈多人，我們的精力就愈可能被吸進有去無回的黑洞。請注意我說「可能」；這並不一定。當我們和配偶、夥伴或摯友互動時會感覺到熱烈的火花，同樣的，當身邊都是對的人的時候，我們也會感覺到活力充沛。

這就是你的同伴可以發揮作用之處。訣竅是要找到這些人是誰、用哪些方法最能聯繫到他們，以及當你找到他們之後要如何和他們互動。

你的部落不一定等同於你的同僚與合夥人，雖然也可能會有重疊。這些人應該是由你領導的人。行銷權威賽斯・高汀（Seth Godin）將部落定義為是一個彼此相連的群體，有一位領導者（以你的情況來說，這就是你），還有一個想法（你的訊息、使命、願景）。這一群人做了選擇，要擁抱你以及你的企業，並替你傳播。他們相信你，並從你提供的內容當中找到價值。他們與你互動的方式有千百種，有些有助於你的利潤，有些則在精神上支持你。

基本上，擁有一個明確定義的部落，就是在對還沒聽過你的人喊話，讓他們知道你有值得一聽的訊息。你不是單純站上紙箱對任何願意聽的人開講，你設定了訊息目標，你的訊息也會落入最需要聽到的人耳中。

你的部落在你的企業中扮演重要角色，幾乎可以說是主角。他們給你回饋，他們對別人說起你，他們讓你能同時身在多處，他們讓別人（可能的出版商、預約經紀人、經銷經理、產品開發人員、投資人）看到你有他們想要的東西。

對內向企業家來說，重點不在於人數多寡。如果我們追求的只是更多的讚、朋友、連結或是讓圈內的人數變多，那就並未以有意義的方式與我們想要吸引的人搭上線。比較好的做法，是把重點放在培養優質的關係，而不是把這當成把數量做大的賽局。我一再地發現，如果我和對的人連結上，這麼做能開啟更多機會，超越我把重點放在計算訂閱電子郵件的人數。當我們了解有了品質之後自然會有數量，永續性的業務發展和建構部落就能好好運作。

擁有堅定、投入的熱情支持者組成的有目標的部落，大有好處，讓你可以：

成為有力的影響人士並將自己定位成專家：如果你希望成為所屬領域的萬事通，一定要先讓

別人知道你是誰以及你提供哪些東西。這說起來很基本，但是非常讓人訝異的是，人們很容易就乾坐著，假設如果自己一星期發一篇推特文就可以讓別人知道你在做什麼。一旦你找到自己的部落，就可以讓訊息聚焦，只和他們對談就好。你希望你的焦點很集中，是聚光燈而不是泛光燈，讓他們聽到某些字眼、詞彙或問題時，馬上就會想到你。以我為例，當對方聽到「內向」這個詞的時候，我希望他們想到我。這種事發生的頻率愈高，我就愈清楚我的訊息傳達到對的人耳裡。

高效率的一對多溝通：雖然和他人一對一交流是多數內向者的強項，但用這種方式分享資訊，是非常勞力密集的做法。一開始，你約人喝咖啡聊聊的機會可能會多於演說安排，但隨著你的企業成長以及你的訊息不斷去蕪存菁，你希望用效率最高的方式去接觸更多人。你的部落就是你的內建群眾，隨時準備好也樂於接收你的資訊。

獲得回饋並積極回應：這一點特別適用於你透過社交媒體管道打造出來的虛擬部落。他們是你的非正式焦點團體，回應你所有傳達出去的訊息。他們也是一個相對安全的團體，你可以和他們玩一點「瘋狂科學家」的遊戲，嘗試不同的做法，看看哪些會活躍起來。根據他們的反應（或者沒反應），你可以得到寶貴的回饋意見，更了解你的產品、服務、品牌以及在市場上的能見度。提供回應，你有機會參與對話，並進一步確立自己身為所屬領域萬事通的地位。你無須付出大把的精力或時間就能快速回應別人分享的東西，舉例來說，如果有人在你的臉書塗鴉牆上提問，其他人很可能也有相同的問題。你可以回應那則個人貼文，而在此同時，你不僅能滿足貼文者的需求，還照顧到其他「旁聽」這段對話的人。

讓你有空間建立「知道你、喜歡你且信任你」的關係：我們在第五章曾經探討，人會和他們知道、喜歡且信任的人做生意。透過特意打造部落這套流程，你就是在邀請對方加入你的內在世界。這對內向企業家來說不是那麼容易的事。我們必須了解，我們的工作就是要讓內在世界得以外顯。這是讓我們的內在展現於外；內在是一個我們身處的很安全、甚至可說是很柔軟的地方，我們並不常讓這裡曝光。曝光會讓這裡承受風險。我發現，當我願意讓自己承受風險、與他人相處，少有什麼方式比這更能激發出回應與連結。重點不在於你要非常敏感或是情緒激昂，而在於要以真心與他人相處。你說實話，你看重透明度和溝通，你證明你也是凡人。這需要練習而且會牽涉到一些風險，但能帶來豐厚的回報，讓一切都值得。

建立部落的方式很多，我們接下來要把重點放在特定的工具和技巧，這些最能善用內向企業家的天生優勢，而且能滿足他們的精力需求：

・社交媒體網絡與提供虛擬內容

．部落格與寫作

．公開演說與簡報

◎社交媒體網絡與提供虛擬內容

近至七年前，慣例是如果你的企業沒有官網，這家企業就等於不存在。如今，如果你不出現在臉書、推特、Google+、LinkedIn 等網站上頭，你就等於不存在。虛擬的部落平台數目一天多過一天，如果不訂下目的或策略，很容易就被這些淹沒了。

我把社交媒體網站稱為「閃閃發亮的東西」，完全無任何諷刺之意。這些網站放送著承諾，無時無刻閃動著「加入我們！」的訊息，而且答應給人們帶來連結與社群。誰能不受誘惑呢？但，事實上，即便不是面對面，你也要為這些另一種型態的交流付出精力。社交媒體網站（延伸出去，連整個網際網路都涵蓋在內）對內向的人來說是榮格以來最了不起的事，理由如下：我們可以設定自己的步調，以更審慎的方式與人交流。《天才如何找搭檔》（*The Genius of Opposites*）的作者珍妮芙．凱威樂（Jennifer B. Kahnweiler）就對我說過：「在我的經驗裡，內向的人在使用社交媒體時實際上會懷抱著特意的目的，他們很審慎。」她接著說到當她和內向領導者訪談時，她發現他們多半會選擇與自己最有共鳴的平台，然後認真學習如何使用。

想要聚焦的另一方面是，隨著社交媒體管道數目日增，有愈來愈多「閃閃發亮的東西」競逐你的時間和注意力，這會使得所有的良好立意都不復存在。

等一下我會針對如今幾個最主流的社交媒體分享一些想法，等到你拿到這本書時（或是在螢幕前看到電子書時），社交媒體的態勢將會出現大大小小的改變。正因如此，我們不會深究「應該使用哪些工具，又應該如何使用」這個問題。科技快速變遷，在社交媒體這方面（以及如何使用科技這個更廣泛的議題）還有其他重點要談，和個別平台無關。就讓我們從這裡開始。

◎你為何不必、而且也不應該追著每一個社交媒體網站跑

科技……這種玩意兒讓我們安排這個世界，卻不用去體驗。

——瑞士作家馬克斯・弗里施（Max Frisch）

幾年前，我出席一場名為西雅圖企業科技日（BizTechDay Seattle）的活動，會場裡到處都是科技怪胎，他們就跟我一樣，熱愛應該能讓我們的生活更有效率、更有樂趣或是更能與他人搭上線的新科技、機械與程式。在演講中場休息時，會場展示著我們之前根本不知道有這種東西存在的新科技，但現在我們知道了，我們非得擁有不可。

當天結束時，我新學到的閃閃發亮東西讓我完全沖昏了頭，我想著（好吧，應該說是我垂涎）要如何把我的新知付諸實踐。

還好，我什麼都沒做。

我要像之前一樣，透過內向企業家的眼光，重提吉姆．柯林斯的經典大作《從A到A+》。你可能會認為，一本二〇〇一年出版的書中的科技專章對於現在的臉書／推特／LinkedIn／iPhone不會有太多見解或著墨。

那你就錯了。要說的話，應該是更息息相關。

在柯林斯和團隊從事研究期間，他們發現使用科技是一項關鍵因素，讓卓越的公司有別於優秀的公司。

差異何在？

柯林斯發現，卓越的公司把科技當成動能加速器，而不是發動機。他們利用科技來處理既存的概念或產品，並加以琢磨。他們不採用不必要的新科技或創造新事物，他們利用科技擴大他們的核心使命。他們僅在有目標、有策略的情況下使用科技，不會陷入閃閃發亮東西的魔咒。

能從優秀到卓越的公司，面對科技時採用的是「爬、走、跑」的方式。他們做選擇時根據的是永續性，以及每一種類型的科技和他們的核心能力與產品契合度。對照走向相反的公司，後者的方法是在會走、甚至能爬之前就先跑了。他們害怕被拋在後面，因此會去回應別人所做的事。

你看得出這其中的玄機嗎？

我常聽到有人說：「如果我有了適當的程式、軟體、智慧型手機或電腦，情況就會好很多。」

或者「那玩意兒很酷……」（看著新的社交媒體平台，除了替你去看醫生之外，它什麼都能做。）「我要設定我的個人檔案，這樣客戶就會上門！」

或者「你一定要上推特、臉書、LinkedIn，不然你就沒有可信度了。」

現在這些神奇工具（對內向的人而言，這些工具絕對是奇蹟等級）的光芒已經稍微褪色了，很多人開始意識到一件事。我們正在了解這類科技對內向企業家來說是什麼、以及不是什麼。

這不是穿著閃亮鎧甲、跑來護衛我們的騎士：我們不能仰賴科技反敗為勝，也無法保護我們、讓我們不用去做通常會逃避的事（例如拿起電話）。科技或許能為我們帶來某些效率，或許有助於我們用比較自在的方式互動，但不是什麼都打得穿的神奇子彈。

這不是真人交流的替代品：當然，我們可以在線上建立關係，但要等到我們見到面、四目相望的時候，才會有魔力。關係不應由科技定義，反而是應由科技強化真實世界裡既存的聯繫。我們可以從策略的角度出發來使用科技，當作橋梁，讓原本存在於平面中沒有臉孔、沒有個性的名字，成為站在我們面前的真人。

這是充滿誘惑力的分神之物：我們可以整天和新玩具泡在一起，想辦法納入企業裡，因為這玩意超酷，我們想要站在最尖端！但如果這無助於我們的主要使命，如果不清楚這如何能讓我們的工作更有效率或效能，如果很酷但只是讓人分心、讓我們很忙而已，那就本末倒置了。科技應該強化、推進我們的目標，而不是決定我們的目標。

這是吸乾資源的原因：當我們聽到必須去做什麼、要不然就會成為社交媒體化外之民時，我們終會在根本不可能有時間經營的平台上設定檔案、新增帳號。我們埋下了百萬顆種子，期待它們不用有人澆水就能開花結果。

比起急急投入大家最近著迷的玩意兒，更重要的是挑選一些具備策略意義而且最能善用你的時間、精力與金錢的工具。要確定工具契合你公司的價值觀以及企業的優先事項，然後再完全投入。

我們都愛閃閃發亮的東西，它們是一股讓生活充滿幸福與樂趣的力量。我們擁有前所未見、而且大致上平等的機會，可以取得百萬種不同的工具，做選擇時請評估哪些能帶你更接近你定義的卓越，哪些是可長久的，以及哪些有助於你、你的精力以及你的目標。

◎鳥瞰社交媒體態勢

網路不神奇，只是有效率。

——賽斯・高汀

人們要使用哪些特定的線上工具以連結、推廣與從事業務，是不斷變動的標的。有些看來會持續下去，比方說臉書、推特、LinkedIn 等社交媒體的三巨頭。這些平台會去因應不斷變動的趨勢，而且事實上，它們本身也塑造了趨勢。

每個平台的社群文化不同，存在的理由也各異。舉例來說，臉書和推特就是綜合了個人性與專業性的網站，你可以用在個人面也可以用在專業面，而且這兩個平台都可接受你分享早餐吃了什麼、同時讓別人登記參加你的下一場作坊。LinkedIn 就比較專業導向，檔案和討論都聚焦在商業主題，偶爾才觸及個人。和其他比較隨意的平台不同的是，如果你決定在你的 LinkedIn 檔案裡分享這個星期你除了雜草，那就是在自曝其短，不了解這個平台的中心要旨。

當你要制定策略，看看哪些社交媒體平台能為你帶來最大的投資報酬率（以時間、金錢、精力衡量）時，請考慮以下問題：

你的部落在何處出沒？要考慮幾個因素：年齡、專業、族裔、地理位置、政治、宗教、婚姻狀況、業餘嗜好。有些社交網站針對特定的興趣與人口特色，有些（例如臉書）則撒下大網，並容許人們自己組小團體。查查看要利用這些網站和使用者交流有多麼容易，以及你可以利用互動瞄準目標到什麼程度，舉例來說，臉書的粉絲頁與社團都非常特定，使用推特的主題標籤也可以幫助你集中火力，就算推文流動繁忙，也能發送給針對某些特定主題尋找資訊的人。

你希望花多少心力在平台上？要發揮最高效率，在快速的平台（比方說推特）就需要在更短的時間裡回應，而且要立場一致地參與，和相對來說步調較慢的臉書就有差異。至於LinkedIn，你在這裡則能有更大的喘息空間。

平台的信譽如何？並非所有社交媒體網站都一樣。平台本身的穩定性、靈活度以及面對用戶時的處理速度紀錄如何？其他企業家，尤其是你的同業與競爭對手，也會在這裡出現嗎？貼文與對話的品質良好嗎？

從你本人以及用戶的觀點來看，平台是否易於使用？如果你很難設定檔案或在註冊之後不太清楚你要做什麼，你的潛在客戶或同伴很可能也會面臨同樣的挑戰。平台應該符合直覺、友善，而且盡可能擋下垃圾訊息（雖然不可能完全避免垃圾訊息，但要有證據指向網站管理員不會容忍其肆虐）。理想上，網站上至少要能免費設定一個基本檔案與提供某些服務。

平台有多受歡迎？是否有助於輕鬆分享內容？除非能透過大型網站的外掛、附件、工具列捷徑以及分享按鍵和其他網站順利整合，不然的話，再怎麼美觀、符合直覺的社交媒體網站也無用處。內容要靠這些路徑才能大肆傳播，這樣也才能讓其他人方便傳遞和你的企業相關的訊息。對內向的人來說，這是一大優點，因為比起網路熱大爆發之前，這可以用少量的心力接觸到更多人。

平台的重心在企業、個人還是兩者兼具？根據你的企業形象與目的，你可能會在個人與專業之間畫出一條明確界線，也有可能讓兩者之間很模糊。舉例來說，身為一位輔導教練，我就特地模糊這條線。我這個人就是我的企業（至少到我聘用第一位員工之前都是如此），人們喜不喜歡我非常重要，大大決定了我適不適合他們。因此，雖然我的策略包含要推動我的業務，但我也會讓我的個人特色躍然紙上。

◎金魚缸裡的生活

生活在金魚缸裡，你的一舉一動全世界都看得到，這不再是電影明星或虛擬實境電視節目名人的專利了。社交媒體上有過去僅限於私人或僅在密友之間分享的資訊，而且還提供空間向全世界廣播。

你必須決定要分享多少自己，這是你的社交媒體策略的一部分。由於內向的人內求導向高，因此他們傾向於保有隱私與低調。在線上曝光有一定的風險，因為我們讓自己的內在外顯，而且永遠都收不回來。我也聽過很多內向的人說：「我在真實生活中很內向，但在網路上很外向。我也可以熱中社交，但前提是我得坐在家中、穿著我的睡衣，配上我的筆記型電腦、愛貓和一杯茶。」他們不覺得曝險，反而覺得很放鬆很自由。畢竟，就算社交互動會讓我們疲憊，也不代表我們對於連結和社群沒有強烈的需求。

但這不應該讓我們覺得自己人格分裂；事實是，人都是內向與外向的綜合體，我們身上都有著這兩種能量。我們如何展現外顯的能量，和我們覺得環境安不安全大有關係。如果我們明智地選擇線上的網絡，並善用判斷決定容許哪些人存取我們的資訊，就能感受到高度的安全感。我們可以分享出更多自我，並容許個人面與專業面之間的流動性大一點。社交媒體讓人覺得比較不會被榨乾，是因為我們在這裡從事的社交比較沒有那麼直接，而且比較受控。

我的基本原則是：如果我的個人信念、偏好或活動影響我提供服務的理由或方式，那就值得分享。限制自己不要針對爭議性主題表達意見可能是明智之舉，但如果這是你這個人的一部分（例如分享你的信仰或政治信念），而且這成為其他人用來自我選擇（選擇加入或退出）的資訊對你來說也沒關係，那是你的選擇。你會把你的宗教、政治、工作經歷、親職狀態或婚姻狀態、性傾向、教育程度或個人業餘嗜好帶進工作裡嗎？你在和顧客或客戶合作時會用到這些經驗嗎？分享這些經驗有助於你的部落並滿足他們的需求，還是僅滿足你個人的自我？對自己釐清你分享的動機，永遠都是好事。可以分享，不代表應該分享。然而，如果這可以把你和你的群眾連起來，幫助他們自我選擇，或許值得冒冒風險。

◎將線上關係連結到實際生活中

在某個時候，你會為了出色的新產品或服務舉辦現場活動或讓大家共聚一堂……這時候你發現，你的往來對象都是虛擬的。你知道他們在網路上的化名，但你不認識他們。

在網路上搭上線相對輕鬆自在，但當你明白這些連結轉瞬可能會有變化，全看平台開發商的一時興致或社交媒體的最新趨勢，就可能轉變成壓力。比方說，想一想臉書剛起步的時候。那時平台上不太擁擠，你的塗鴉牆很簡單，廣告很少，大家也比較能分辨出加了誰當好友。這比較像是朋友之間的聯繫，彼此分享照片與新訊。

現在的使用者介面已經演變多次，要在一片喧鬧中被看見或被聽見，更添挑戰。貼文可能看得見，也可能看不見，要看用戶的設定而定。決定把臉書頁面當成官網的人發現，他們要看平台公司的臉色，政策、更新與格式時有變動。當你的平台變成移動標的時，幾乎不可能建立一致、可靠的品牌形象。

正因如此，除了虛擬部落之外，也要孕育由真人組成的部落才那麼重要。你不會想仰賴社交媒體平台進行大部分的參與活動，也不會把這當成主要的網路形象。但我們很容易就允許這種事發生；之前我們也提過，線上溝通對內向的人來說有明確的好處。要跳上一列正要開動的火車，上面多數架構和社群都已經為你備齊，也是比較輕鬆的事。你可能很想搭他們的便車借力使力；別這麼做。如果這麼做，你不僅給他們過多的控制權掌握你的品牌，最後還要付出不成比例的時間精力來維繫你的線上關係，很可能到頭來有損你在現實世界裡的部落。

雖說如此，我們還是可以借重科技的力量，連起我們的虛擬部落與現實世界裡的關係。回顧一下我們在第五章中討論過的內容構想。哪些可以順利轉化成網路廣播、影片、網路研討會或是視訊課程？透過這些方法來打造你的品牌，你就能控制溝通環境、撰寫劇本或設定你的內容目標，同時根據你想要的程度進行交流。

這是很好的第一步，把你在網路上有聯絡的人變成實際上的連結。這麼做讓你能居於主導地位，同時又能為這些關係提供更高的價值。選擇讓你覺得最安心的媒體，舉例來說，我很喜歡做網路廣播，因為我喜歡訪談有趣的人物（一次只和一個人訪談！），可以暢談我最熱中的話題，可以事先準備對話，然後再根據我自己的標準和時間表錄音、剪輯並播出。要製作網路廣播需要匯聚大量的精力，但一旦我發布並分享出去之後，它大致上就會自行發展，我不需要牽著它的手

（除非我選擇連同其他內容繼續推廣某集節目）。

網路廣播以及其他類似媒體的價值，是可以讓你透過聲音和影像更接近潛在客戶，而不是僅有文字。如果潛在客戶能看到與聽到積極行動的你，他們知道你、喜歡你且信任你的可能性就大增。反之，如果你的訊息不這麼適合他們，他們也會快速做出判斷，從而做出自我選擇退出你的潛在客戶群。

一旦你增加和這些人的交流，就可以開始判斷你可以和哪些人培養出更具個人色彩的關係。透過臉書、LinkedIn、推特、Google+ 甚至 Pinterest 檢視你的聯絡人，看看哪些人的業務目標與你的雷同或互補。制式的檔案裡就會揭露他們從事這一行多久了、之前的專業史以及他們的朋友圈。根據他們檔案的完整度，你可以得到相關資訊，了解他們的閱讀習慣、業餘嗜好以及社交活動。記得要交叉參照檔案，以了解完整樣貌。

如果某個人看起來和你、你的企業以及價值觀同步，請透過最適當的社交媒體與他聯繫。如果你們住在同一個地區，提議一起喝杯咖啡，若否，也可以利用 Skype 或其他視訊會議服務來個「虛擬咖啡約會」。你不需要制定嚴格的議程來進行對話。當你可以將他視為資源分享出去或是支持他的業務時，送出引言訊息、指向你有意多了解對方的業務，並讓對方知道。你也可以說你認為你的企業對他來說是一項好資源，你很樂於有機會多聊聊。這裡完全不牽涉到推銷話術，只是互相了解的對話，讓彼此判斷進一步對話是否有益。

線上檔案與社群對各地的內向企業家來說都是一項大禮，因為這讓我們可以用自己的條件進行聯繫。在參加活動之前，通常可以先看看有哪些人會去，並做一點研究。在我們走進充滿陌生人的會場時，這可大大讓我們安心。你可以利用幾個方法找出有哪些人與會。如果對方要求你利用網路回函，有時候活動官網會附上最新的出席者清單。張貼在 LinkedIn 和臉書上的活動，就算沒有登記這道手續，有時候也會讓你知道還有誰會去。你也可以在社交媒體上分享你要去參加某項活動，並問問看還有誰要去。我嘗試過幾次，很高興看到這還有雙重益處：我不僅能知道有沒有同僚也登記要參加，也和很多人分享了一項他們可能還不知道的資源。

一旦你找到某些人，可以先在社交媒體上看看他們的檔案。帶著一份你想認識的人的名單出席活動，這會給你焦點與使命，同時也讓你在自我介紹之後有開場白：「你在 LinkedIn 上的檔案以及你的某某業務讓我深感興趣，你能不能花幾分鐘和我聊一下？」

◎部落格與寫作：內向人士的擅場之地

社交網站上有一篇廣為流傳的貼文寫著：「我比較會寫，比較不會說。」內向的人對這句話多半心有戚戚焉！這不讓人意外，因為我們都是在內心以安靜的方式處理自己的想法，自然比較喜歡書寫文字的緩慢步調，勝過大聲把話說出口。但這不表示我們天生就是寫作高手。就像其他技能一樣，寫作對有些人來說很容易，但對有些人來說卻是難以掌握的任務。重點是不要太過於嚴苛批判自己，但要了解：你喜歡透過書寫進行溝通的偏好，在這個內容導向的世界可以成為寶貴的創業資產。

經營部落格是其中一種最簡單、最容易入手的方式，讓你開始在所屬領域建立思想領導者的地位。部落格就像是線上日記或日誌，內容有你定期撰寫的貼文，之後透過饋送、閱讀器或其他電子發送方式分享出去。你的主題焦點、你多常在部落格上發文以及你的貼文長度等等，都要視你經營部落格的目的而定。

清楚你一開始為何要經營部落格，可以更容易和對的人搭上線。你想要分享祕訣、資源和資訊嗎？想要透過提出意見確立你的專業與可信度？想要訴說使用你的產品或服務的用戶故事？想要影響人們看待你、你的企業或是你的訊息的觀點？

網路上有超過兩億個部落格在發聲，這證明了部落格這種打造平台工具已經廣為人接受，大家欣賞部落格的直接、不拘禮節以及學習曲線短。很多企業（包括我的）都在部落格平台上建置公司官網。舉例來說，受歡迎的免費軟體WordPress，可以讓你在短短幾分鐘內就建置起一個部落格。如果你希望在部落格平台之外另建一個網站，很重要的是要把部落格功能整合到該網站內。

在性質上，部落格比其他形式的內容分享（如白皮書、文章和電子書）更偏向對話，篇幅也更短。經營部落格的美妙之處，在於你能完全掌控，決定你要說多少、何時說以及如何說。部落格貼文長度可從三百字到一千兩百字不等。無論貼文長度還是你使用的語氣，都應該依循兩個基準：你的個人風格和偏好，以及你所屬領域裡的人們所做的事。看看你的同業如何使用他們的部落格。他們用的是比較個人化的語調嗎？他們比較注重統計數字和事實嗎？他們是否使用大量的圖片、影片，還是兩者皆有？這些都是很好的問題，但不必然規範你決定如何打造你的部落格。事實上，研究其他部落格固然可以從中學到很多可效法的操作，但更重要的是知道很多要避免的做法。同業的部落格是很好的參考點，但關於你要如何經營自己的部落格，說到底還是你自己的選擇。

有些重要的步驟可供參考，讓你建立與維繫企業的部落格：

要一致：這條適用於品質、觀點、時機和主題。有很多很重要的事都會分散你的注意力，很重要的是，要找到一套符合你以及你的節奏的系統。在你能夠寫出好東西的情況下盡量多貼文，並要切題。如果可能，請編製時程表，讓經營部落格與寫作能配合你其他的業務開發活動。判斷哪些主題領域最適合你的利基，之後就堅守不放。就算某個星期你找不到主題寫，也別決定要針對你的愛狗寫一篇貼文。暫停發文一次，會好過突然離題、導致你的讀者因感到困惑而離去。

鼓勵對話：當我開始固定和潛在客戶溝通時，我的做法是每星期發送一篇電子通訊。我要花上好幾個小時才能寫完。我得到的回報是，大家私底下給我很多回饋意見，但從來都不是公開提出。這聽起來像是讓內向的人覺得最安心的模式，對吧？在現實中，這或許能讓人安心，但無法打造出你的部落。幕後發生的事情太多，能讓大家看到的卻不夠多。

當我明白這一點，我就轉向經營部落格，這樣比較能公開鼓勵大家參與對話，大家也比較容易透過社交媒體的按鍵和連結來分享我的內容。麻煩的是，經營部落格一定會讓你得面對批評以及不認同你的人。這是投入部落格流程中最脆弱的其中一環：你分享你的知識和熱情，但有些人可能不喜歡。有些人會以尊重的態度表達不認同，但也有些「網路酸民」：這些人只有在貶低他人時才會自我感覺良好。你要知道，這兩類的意見你都要面對，把這當成一個機會，蒐集超乎你平常觀點的寶貴意見。你可以把他們的意見當成參考，以了解其他人會在這一路上加諸哪些障礙。把重要的留下，其他的拋下，尤其是別管酸民！

說故事，別推銷：經營部落格不是為了公然的自我推銷，或是告訴大家你最近有哪些產品或特別優惠。讀者的期待是這裡要有一些資訊和故事，而不是推銷話術。你可以利用部落格分享客戶與顧客的成功故事。提出一些內部視角，說明新產品對於其他人有何益處（同時納入一些寶貴內容，讓他們嘗試看看這些益處）。為大家提供一些祕訣，教他們更善用你的服務或產品。說你自己的故事，讓他們更能洞悉你這個人；這完全是在達成「知道你、喜歡你並信任你」的目標。把部落格當成演示的機會，而不要用來說教推銷。

拋開完美主義：部落格是非正式的、對話性的。你希望表現得很專業，那就使用正確的文法，貼出條理分明的貼文。但請注意要你做到獨特、創意或完美的小小聲音。部落客茱蒂·杜恩提出以下的建議：「丟掉『創意』一詞。當我坐下來書寫時，我不會想要有人站在我旁邊督促我最好要有創意，否則寫出來的東西不會有人要讀。你不是在思考如何寫出有創意的部落格貼文，你是坐下來撰寫一篇對讀者有用的有趣貼文。」

如果你確信部落格將有益於你為了向外聯繫人們所作的相關努力，但你又不是天生寫手，或是你覺得要針對主題定期貼文是一大挑戰，那麼，可以考慮聘用部落格教練或顧問。這些專家將會帶領你克服經營部落格的所有細節，教你如何用部落格為企業創造最佳定位。然而，請抗拒誘惑，不要聘用槍手替你代寫部落格，部落格的個人化特質會營造出期待，讓讀者覺得讀到的是你的聲音，即便主題是企業也是如此。如果他們讀你的部落格之後和你親自見面，結果你表現得判若兩人，這會讓交易破局。

除了純粹書寫式的部落格貼文之外，還有其他選項，例如網路廣播、以圖片為主的貼文、邀請來賓擔任駐站部落格主或是請多位撰稿人合力撰寫同一篇貼文（這也稱為反向部落格〔reverse blogging〕）。找到對你來說最自在、最真實的方式，這不僅有助於替你引來理想客戶，也讓你比較容易維繫你的精力並保持對內容的興趣。

◎公開演說／簡報

世界上僅有兩類演說家，一種是會緊張的，另一種是騙子。

——馬克・吐溫

為何公開演說和內向的人並非水火不容

站在眾人面前，所有人都看著你，大家都等你說點睿智、機敏或深刻的話——你會覺得這是內向者最可怕的噩夢，還是大好的機會？

內向者和**企業家**看來或許是相反詞，同樣的，**內向者**和**公開演說家**可能看來也有類似的關係。但請記住內向的定義：重點在於我們如何獲取與耗費精力，也在於我們的參考點（內在）以及我們偏好的溝通模式，而不是我們有多善於溝通。實際上，你的內向優勢可以發揮力量，讓你成為出色的公開演說家。

說起來，內向人士的「套件組」裡隨附的特定長處，通常能給我們寶貴的優勢，讓我們超越外向的同僚，但前提是要運用得宜。舉例來說，我們有能力判讀空間裡的能量狀態，代表我們可以立刻回應人們的需求。我們做好萬全準備的傾向，反而代表當事情不照計畫走時，我們可以更快適應，這講起來好像有些衝突，但能做到這一點是因為我們比較有信心。而我在其他時候也談過，做準備與靈活適應的能力，仰賴你願意不拘泥於特定成果。

幾年前，我和六位充滿活力與創意的女性合作，促成一場為期兩天的作坊，目的在於發掘出她們的核心事業願景。課程表寫得很明白，之前就發出去了，學員來的時候都知道會有哪些簡報，又要期待哪些成果。我做好準備按照我的議程進行，帶領她們獲得我承諾的成果：明確的企業願景宣言；這可作為行銷以及行動計畫的基礎。

當我們齊聚一堂、在這個陽光燦爛且溫馨溫暖的作坊會場待了一小時之後，我就知道情況會變得很不一樣。每一個來這裡度過週末的人都有各自的需求和期待。雖然我的議程並非完全無關，但顯而易見的是，我必須放手，不要執著於按表操課。我不要把重點放在如何做，應該聚焦在做什麼上面。我的整體目標應該是替她們營造空間，讓她們去思考對於企業家而言什麼才是最重要的。這樣的用意需要放在更優先的位階，超過嚴格遵循預定議程。

但我要先承認一件事：雖然我是一個喜歡做足準備的內向者，尤其是當我要在期待我比他們多懂一點的人面前做簡報時，但那時我還是短暫地陷入困惑。我的大腦忙著調和我放在眼前要講的內容以及我聽到與會者的反應。之後我明白這就像一場舞蹈，我學到某些舞步，學員也有某些舞步，我們若要順利合拍，就要有進有退。我做足了準備，而且絕對是達到「足夠」的標準。我非常清楚我要講的素材和我的目的，我也對於我要提供的內容很有信心。這讓我能放手，不再執著我的講稿上寫了什麼，轉為傾聽我的這些同僚說了什麼。最後我們齊力為彼此營造出一場極具影響力的經驗，每個人離開時都得到寶貴的洞見，我走時則明白了正因為我帶著充分的準備而來、而且以開放的態度對待這群人，所以我可以做到靈活有彈性。

內向者的另一項長處（或者，更精準的說法是這是一種優勢），是我們可以出其不意吸引人們的注意；他們並不預期內向的人會是強而有力的演說者。就像吉姆．柯林斯筆下的安靜領導者一樣，我們身上都沒有「魅力包袱」（liability of charisma）；魅力包袱讓群眾期待麥克風後面的人要像是發電機一樣激昂有力。提升我們的能量水準，讓我們吸引會場裡群眾的注意力並維持下去，這很重要，但不代表我們要向激勵大師湯尼．羅賓斯（Tony Robbins）的風格看齊，而是代表我們要養足精神，做好準備，散發出比平常更多的精力，才能在舞台上有強烈的存在感。你的能量來自於你對於主題的熱情、你做好了充分的準備且滿懷自信，以及你有想要分享訊息的強烈渴望。你可能會發現，這是你少有能從他人身上得到精力的時刻。不同於經營部落格或社交媒體，公開演說時你要正視人們，看到對方微笑、聽到笑聲，體驗到你所說的話造成的影響，而且是近距離親身感受。這種即時的肯定（至少，我們希望這是肯定，群眾是跟著你一起笑，而不是在笑你！）可以讓你繼續講下去，並讓你的聲音和風采充滿活力。

在思考公開演說到底適不適合你的商業模式時，請看看你所屬產業的慣例。如果你的同業與模範將公開演說納入他們的業務發展活動內，你應該鄭重考慮起而效法。雖然講師圈裡多數是教練、顧問、財務規畫人員以及從事其他服務業的相關人士，但也有極大空間可供產品導向的企業發揮。無論是你學到的教訓、目標設定、成長與協作、規畫，還是管理員工、供應商和承包商，都是你可以分享的智慧。

如何利用公開演說打造部落（以及延伸下去——如何打造企業）？

我愛公開演說的一大主因，是這讓我付出一次心力就可以接觸到很多人。演講邀約的準備工作多半可以在私下進行，而且，如果我要照料自己的需求的話，我一定不會在演講過後安排任何活動。這樣一來，我只需要在活動上外放我的精力即可。在這天裡，我只需要暫時變身成外向的人，持續一到兩小時即可。

如果你想看到更多證明公開演說與簡報可為你帶來優勢的證據，請參考以下：當人們被問到最大的恐懼是什麼時，公開演說比死亡排在更前面。死亡！這或許誇大了，但我們也曾聽說願意做根管治療不打麻藥的人，比願意公開演說的人多。這是你能在（相對）受控狀況下挺身而進、脫穎而出的大好機會。多年來，我見過很多實際上很享受公開演說的內向人士，而公開演說也為他們帶來更多業務。如果你能養成以泰然自若的態度來面對發表演說，那你就能與眾不同。

史考特・伯肯（Scott Berkun）是一個內向的人，也是《講演之道：一個專業演講家的告白》（*Confessions of a Public Speaker*）的作者，同時還是一位專業演講人。我永遠不會忘記幾年前我出席一場簡報時他和我分享的心得：**我們都是公開演講人**。任何時候只要我們開口對著別人說話，我們就是在公開演說。多數時候，我們都在毫無準備或是少有時間思考的情況下演講。所以說，從很多方面來看，你早就已經穩穩踏上要成為專業公開演講人的路途了！

如果出書或是創作資訊性產品是你商業計畫的一部分，公開演講就絕對必要。在你寫書或創作產品之前，你要先建立信譽、蒐集回饋與證言，然後微調你的訊息。你也要編纂經紀人或出版商需要的資訊，讓他們去評估你的訊息有沒有群眾要聽。在書出版或經銷產品之後，演講就成為銷售的工具。你的著作或產品有可能讓你的演說獲利更豐（但要看著作或產品的類型而定），讓你得到比較少、但報酬更高的演講邀約，去對更加精挑細選的群眾開講。

當多數人害怕演說這種活動更勝於死亡時，以下這種說法或許有違常理，但這是真的：站在群眾面前分享訊息，會讓你培養出自信。英國音樂家、同時也是一位內向的部落客安迪．默特（Andy Mort）就發現，不斷地重複是提高信心的一項關鍵。他說：「我累積愈多經驗，就從更大的經驗庫中取用，知道一切都會很順利。」

每一次你站上台而沒有瀕死、昏倒、僵住或過度換氣，你就成功了。你會更深入了解你具有能力激發他人，並讓人們參與你的事業。

群眾希望你成功，很少會遇到對於你演講內容懷有惡意或存心抗拒的群眾（謝天謝地）。我們的想像會隨著時間過去而發酵，引發妄想。看著智慧型手機的人，你會以為他是在傳簡訊給朋友，抱怨你表現得有多差勁。兩個人交頭接耳，安靜地對著桌子輕笑，你會以為他們在批評你試著幽默一下講出來的笑話。你不要懷著被害妄想，反之，請進入「被款待妄想」（pronoia）的情境：相信全世界都在密謀，目的是為了要讓你開心。群眾支持你，傳送正面能量給你。雖然不一定能趕走你胃翻攪的感覺，但這會幫助你記得群眾跟你站在同一邊。

在麥克風後面看來泰然自若、輕鬆自在的人，不是天生就這樣，在能達到這種自在狀態之前，他們做過（也見證過）幾十場無聊、平凡且讓人頭疼的簡報，每一次都學到如何改進並增進自信。

當《安靜，就是力量：內向者如何發揮積極的力量！》作者兼安靜革命公司共同創辦人蘇珊・坎恩在她新書出版之時受邀在TED發表演講，她踏上一段她稱之為「戰戰兢兢演說的一年」（Year of Speaking Dangerously）的旅程。她加入國際演講協會、聘用教練而且做足準備。不一定要參與像TED演說這樣的盛會，也可以採取類似的行動。

第一步是把這項活動變成常態，經常和具備你想擁有特質的人相處。花時間和跟你處於同一階段的同儕相處（定義、搜尋、練習）也有其價值，和已經達成你想達成目標的人聯繫並從他們身上學習，更大有好處。這樣一來，可以把目標變成你的日常。當你身邊往來的對象是隨時可以演講的人、寫過書的人與經營成功企業的人，你就可以隨時提醒自己，你也可以做得到，也將會做得到。這些人可能是正式的精神導師，也可能是每個月和你喝咖啡的人，長期下來，他們的成就、想法、精力與經驗，將會重塑你的神經元。他們曾經歷過你現在的處境，有一天你也會走到他們如今的境界。這是一道過程，靠著一次一個行動、一個信念和一個連結不斷向前推展。

到最後終會修成正果。有一天，當你聽別人做簡報時你心裡會想著：「我也做得到。我不僅可以，我也想這麼做！」這或許就轉動了鑰匙，讓你的引擎加速。在你失去勇氣前（這種事常發生！），請先啟動引擎前往最近的國際演講協會，這會是其中一個最安全、最能給你肯定的地方，讓你對於自己的演講功力更有信心。一旦你覺得準備好了，就去接觸新的聽眾（我是指，除了配偶和寵物之外的任何人）。要找演講者的地方太多，不愁沒地方去。比較輕鬆的起點是服務性社團，比方說當地的扶輪社、聯誼會或同濟會。之後，你可以進入更專業導向的組織，這些地方也比較可能有你理想中的聽眾。正式的聯誼社群、特定產業協會以及創業服務團體和論壇，則是合情合理的進階版。

企業溝通教練兼《內向人士的自我推銷》（*Self-Promotion for Introverts*）的作者南西・安克薇姿（Nancy Ancowitz）這樣鼓勵我們：「加把勁做個加分題，回答以下這個題目：『我可以去哪裡演講，以幫助某些社群並讓我自己有機會鍛鍊？』每天講，在大家面前講，並和能幫助你的人一起合作。這樣你就可以練習你的演講技巧，他們也可以鍛鍊他們自己的技巧，你們互相幫助對方變得更好。」

當你對演講感到更自在之後，請研究看看是否可能安排去企業或非營利機構演說。企業和大型非營利性組織通常會為員工舉辦專業發展系列、為客戶提供研討會，也有機會在大型研討會或活動上演說。一旦你判定自己有意去參與這類安排，請開始蒐集證言並確立自己的地位，準備讓人把你介紹給該公司的有力人士，這些多半是人力資源或行銷部門的高階主管。然而，和該公司有關的任何連結都可能是打開大門的敲門磚。

我曾在一場持續一整天的專業行政人士協會研討會中演說，有一位學員是星巴克（Starbucks）總部某位高階主管的助理，她很好心，把我介紹給他們個人發展系列活動的籌辦人，之後他們請我對六十位星巴克的夥伴發表簡報。我很感謝在我事業發展早期就有這類推介，我從中學到寶貴一課：你永遠不知道下一個機會將在何處浮出檯面。

最後，我想坦白說的是，雖然我們技術上知道要做什麼，但公開演說還是讓人覺得很有壓力。身為內向的人，我們都很清楚，像公開演說這類活動，嗯，很公開。我們要使盡全力說故事，開放自己供他人檢視，讓自己承擔更高的風險。我並不是說外向的人就可以輕易完成，只是，在眾人面前開講這種事對他們來說還是比較自然。

我最早期的公開演講都是照本宣科，我會寫下我要講的話，而且一字不漏。我不太相信自己，怕自己講出全篇廢話。我沒有十足的信心，不相信我可以讓我的思考列車穩穩前進，我也不相信我萬一脫軌可以再拉回來。但現在，我已經不再需要講稿，主要原因是我已經練習了很多年。我已經採行很多步驟以培養我的信心：錄下我演講的影片、加入著重公開演講的同儕智囊團、招募我信任的人參與我的簡報並提供真誠的回饋。我工具箱裡最強大的工具，或許是最讓人意外的其中一種：即興演出。

◎如何丟掉講稿

我在大學裡上過演說課，學到一個我很愛說的詞：「即席」。我很愛說這個詞，但它的涵義卻讓我怕到不得了。

即席演說表示要隨興，你在沒有機會準備之下、不加思索就要開講（而且要明智發言）。《韋氏辭典》（*Merriam-Webster*）的另一個定義是「忽然發生，通常是意外，經常沒有明確的已知線索或關係。」

對某些內向的人來說，這正是噩夢的定義。

我們在第一章中談過，定義內向的主要方式是看我們從何處獲得精力（來自於獨處與安靜的時光），接著則是我們如何處理資訊；內向的人透過內在處理。外向的人行動比較外顯，以口語處理他們的想法與概念，我們內向的人則消化資訊，安安靜靜地思考或寫在紙上，直到我們準備好才分享出來。

正因如此，**即席**這個美好又沉重的詞，很可能是絆腳石。

我們深入且完整思考的能力，絕對是一項資產，說什麼我都千金不換，因為這樣的我才是我。即便如此，重要的是要承認我們所生活的文化重視快速行動，不見得有時間和空間讓我們三思而後行（至少，沒辦法像我們希望的那樣，先想個十遍八遍！）。

踢到腳趾的機會愈多，邁向成功的機會也愈多。

——無名氏

我早就知道，如果我不想辦法培養出一些自發性能力，我在聚光燈下感受到的不安終將變成一大累贅。說到在人群面前演講或是大膽冒險，當內向的人還在思考他們要說什麼或做什麼的時候，其他人早就已經插了進來、繼續講下去了。

當我決定在工作上要專攻非常內向的族群時，我最早撥電話諮商的其中一個對象是我的朋友萊夫（Leif）。萊夫是外向的人，當你要在他的語音信箱留言，他會要你好好說個故事給他聽。他很聰明，而我想要舉辦一場「內向人士的即興演講」作坊，藉此來處理我的恐懼。

我（以及加入這場作坊的內向人士）所學到的心得，可以讓即席不再那麼可怕。我們被提醒了一件事，那就是人生本身就是一場即席演出；畢竟，每天早晨起床時，電子郵件收件匣裡可沒有當天的劇本等著我們去讀。在作坊中，我們感到壓力最大的時刻，是當我們腦子裡有太多想法的時候。一旦我們放開，不再想那麼多，也不再一定要針對可能會發生的事情預作準備，就能放輕鬆，找到樂趣。不難看出，這和我們處理日常生活時的態度極其相似！

以下是一些對演說的最後想法，全都來自即興演出的心得，我希望能就如何面對公開演說為你帶來新觀點。

拋棄完美：當我們在腦海裡前思後想之時，通常都在找正確的答案或回應；事情就是應該要這樣。即興演出要求你放棄追求完美的衝動。放輕鬆，真實就好，善用你心裡那個嘗試新事物時願意跌倒後再爬起來幾百次的孩子。

大膽躍進：內向的人有時喜歡站在一邊觀察其他人如何做，之後才加入行動。這會讓他人認為內向的人是追隨者，而非領導者。機會不見得會等我們做完權衡。即興演說是安全地拋棄完美的場合，也是安全地練習先做後想的場合。

說實話：人生的重點不在於編故事或成為你根本不是的那個人，即興演說亦然。有些最機智、最有趣且最觸動人心的時刻，發生在人們大膽說出事實之時。如果我們的目標設定為「看到什麼就說什麼」，那麼「要有創意」的壓力就消失了。就像史考特・伯肯寫的：「要有趣最簡單的方式就是誠實。人們很少說出他們真正的感覺，但這是群眾最渴望的。」[1]

說「是的」：少有什麼比「不」這個字能更快結束對話或終結美好時光，同樣的道理也適用於即興演講。重點是要接受別人丟給你的話題，「是的，而且……」這樣的句型可以維繫動能與正面能量。

不要試著展現風趣：一般人對於即興演講有個假設，那就是要風趣。說到底，人們到底為什麼喜歡強尼・卡森（Johnny Carson）、大衛・賴特曼（Dave Letterman）、史提夫・馬丁（Steve Martin）或傑瑞・賽恩菲爾德（Jerry Seinfeld）這些主持人或喜劇演員？好消息是，他們全都是能即席演出的內向者！他們看起來會讓人覺得他們很努力在表現得很風趣嗎？我的猜測是，他們最後能做到風趣，是因為他們都說「是的」，他們實話實說，他們大膽躍進，而且容許事情變得一團亂。

加速失敗：一旦我們接受自己在邁向成功的路上會失敗，就比較容易從失敗中學習。從失敗中得到教訓（而不是避開失敗或失敗時就放棄）會扭轉失敗。不要把失敗當成錯誤，而把這當成一個機會，將此視為「有趣的選擇」。

冒險的人生是跳下懸崖、並在下墜之時長出翅膀。

——美國作家雷・布萊伯利（Ray Bradbury）

1. 史考特・伯肯（Scott Berkun），《講演之道：一個專業演講家的告白》（*Confessions of a Public Speaker*）（加州塞瓦斯托波爾市：O'Reilly Media出版社，2009年）

◎打開社群的鑰匙

我們討論了各式用來打造與聯繫部落的方法，包括社交媒體、經營部落格與公開演說，這些都是強效的方法，每一種都能以特別的方式借用內向者的優勢。但是，如果我們不訂目標，很可能讓自己對於打造社群要做什麼、不做什麼感到不知所措。我們可能讓做法太過複雜，反而看不到核心目標。藝術家兼作家瑪莉・安・拉德瑪赫（Mary Anne Radmacher）就說，說到底就是很簡單的一件事：「要真實真確。如果社群的目的是銷售你使用的東西，那就說明白。要透明。不要遮遮掩掩提到你要賣的商品。如果你要賣，就去賣，負起責任，誠實對待你要達成的目標；如果你只是想引起對話，那就開始對話，邀請大家一起來。」

CHRIS GUILLEBEAU

克里斯・古利博

攻占世界高峰會（World Domination Summit）網站創辦人兼《不服從的創新》（*The Art of Non-Conformity*）、《3000元開始的自主人生：50位小資創業老闆的實戰成功術》（*The $100 Startup*）和《追尋吧！過你夢想的人生》（*The Happiness of Pursuit*）的作者。

問：你打造了幾個部落，包括集結了不服從者以及想要攻占世界的人。我參加過攻占世界高峰會，強力的社群感讓我大為嘆服。你和你的團隊如何營造出這種感覺？

我們努力變得很敏感。首先是要知道有很多來自不同背景的人，我們想要去體認這一點，我們也想特意鼓勵內向或是極敏感的人參與，因為他們通常不會參加有三千人的大型研討會。我們非常努力地嘗試對他們行銷，並讓他們知道他們在此會備感溫馨。

有一大部分的重點是要找到正確的人，包括活動工作人員、志工，當然，還有與會者本身。像這類的活動，大部分的魔力源頭來自於要真的確定來參加的是對的人。之後，我們會努力尊重來參與的人，並盡可能認同他們。

問：社群有不同的形態和規模，但對我們內向的人來說，是站在三個人前還是三千人前好像沒什麼不同，多數內向的人都會覺得很疲憊。根據你平衡自身能量的經驗，你有什麼建議？

聽起來很嚇人，但剛開始的時候並不是這樣。我一開始的時候大概是和五個人碰面。多年前我為了宣傳著作展開旅程，走遍全美五十州。有些停留點在小地方，大概只有五或十個人，那時候對我來說這規模已經夠大了。

因此我相信，你經歷過大規模之後，這些經驗日後會轉化，讓你進入更大規模，但很重要的是要記住，「大」是相對的。

我多半會在事後照顧自己，像攻占世界高峰會這類活動，是一種非常沉浸式的經驗。在那段時間，我除了身在當下並集中注意力之外，其實也做不了別的。當我說「那段時間」，我指的不是活動的三天，也包括會前籌備以及會後。之後我會離開。如果是比較小的活動，比方說辦一場比較短期的活動，無論是我主辦還是參與他人舉辦的活動，我還是要花掉很多精力，因此我會規畫之後都要獨處。

問：夢想或部落愈大，內向的人可能會愈擔心群眾和期待會吸光他們的生命力。關於如何從正面看待事情，你有什麼建議？

我認為，如果你有遠大的夢想，你的人生中一定會出現召喚，這就是靈感的核心。我多半會認為：「這怎麼可能吸光我的生命力？這樣的靈感對我來說將會帶來活力，帶來歡愉。」這可能會讓你有點害怕，你可能會感到有點恐懼或焦慮，但這不表示會吸光你的生命力；事實上，很可能剛好相反。

你應追逐這些夢想，不應該逃開或躲避。我覺得，不管是哪一種，你的負面經驗全都會來自於你沒有去追求你的夢想。如果你有夢想卻不去實現，以後真的會後悔。

CHAPTER 7

當三個臭皮匠勝過一個諸葛亮

——When Two Heads Are Better Than One

◎為何要費事協作？

我不認為委員會有過什麼真正革命性的新發明……我要給各位一些可能很難聽得下去的建議，那就是：獨力工作……不要加入委員會，不要加入團隊。

——蘋果共同創辦人史蒂夫．沃茲尼克（Steve Wozniak）

史蒂夫．沃茲尼克的話對內向的人來說是天籟，一個眾所周知的內向者這麼說，不足為奇。這些話給我們單飛的通行證。委員會制企業的做法，會拖慢進度並把工作搞砸。這會出現很多溝通挑戰、互相衝突的議程以及對於寶貴時間、精力的意外需求。

以我自己為例，我的獨立與好奇讓我發展出一種獨特的特質，我先生稱之為「瑞士刀」。不管是什麼情況，我都可以拿出小刀、指甲銼、螺旋錐、鑷子或剪刀來解決問題。如果我可以用我的工具箱裡既有的工具開始工作，我就會動手。這是很寶貴的創業資產，給了我很多好處，替我省下時間、金錢以及人際關係。畢竟，要加人進來代表我必須思考並因應他們的需求、挑戰、好點子、恐懼和自我。

內向者和獨立並肩同行。這不代表其他人對我們來說不重要，只是我們會比較用心（甚至小心）去思考要邀請誰進入自己的內心世界。我們的看法很簡單：有人進來，就等於我們要耗費精力。我們絕對珍愛、珍惜這些人，但他們還是會讓我們疲憊。

我早就注意到，講到人際關係時我很保護我的精力，講到我要把哪些人帶進我的創業人生時，我的防護態度更是明顯。我的瑞士刀心態讓我短暫演出單人秀。有什麼我不懂的事，我就去弄懂，一直到……

一直到我無法弄懂為止，一直到我頻頻撞牆，面對「好了，我想過的我都試過了，現在怎麼辦？」的情況。也就在此時，我明白有些事態重大，我無法獨立應付，而且，對於我雄心萬丈的夢想而言，三個臭皮匠勝過一個諸葛亮。

這是內向企業家之間常見的主題。就像有句老話講到男性不願意開口問路一樣，我們內向的人有時候為了找到解決方案無所不用其極，就是不肯開口請求協助。

每當我們讓某人進入我們的心裡，讓內在世界外顯，我們會敏銳地察覺到自己的脆弱。我們正在曝險。這表示，這個世界上至少有一個人對我們有所期待，而我們對他同樣也有期待。光是這一點，就足以讓我們繼續單打獨鬥，時間長到可能不太明智。

我們內向的人在經營企業時如何克服這種不安？我們如何以不至於摧毀自身能量的方式邀請別人參與我們的工作？

◎該考慮協作的時機

身為內向企業家，你可能有明顯的獨立特質，甚至驕傲地認為自己無所不知、無所不能。當這種自豪成為自我認同的一部分，我們就很容易犯錯，一直等到真正身陷危機了才考慮協作式的解決方案。有些商業指標可能指向此時正適合徵召你的部隊：

你在專業上已經碰到天花板：在某個時候，你接獲客戶或顧客的要求或是有個很棒的構想，但是已經超越你的知識範疇。

你想攻入新市場：如果你判定自己已經做好準備，要對新的潛在客戶或顧客群發送訊息，那時該怎麼辦？當你獨立作業時，很容易以短視的角度來看市場。

你渴望能從集體的腦力激盪中得出新的可能：即便是熱愛獨處的內向者，能找到一位思想上的夥伴，一同腦力激盪出想法並連點成線，也能讓你覺得煥然一新。讓他人參與你的工作流程還有一個額外好處：當你面對特定挑戰或機會時想法可能會像跑轉輪一樣沒有出路，對的人可能會幫你突破。

你的業務很穩定，你準備好要擴張：你從充滿力量與成就的立場出發，你也準備好向外接觸其他人。正確的協作可以補充你可提供的，而不是稀釋。

要將他人納入你的企業，這個決定可不是雲淡風輕的事。這可能有一點嚇人，因為你要簽訂新的協議，甚至要發展新的詞彙來解釋你如何經營企業。要討論的細節很多，要釐清的期待很多，雙方還需要針對如何合作達成共識。不僅如此，協作關係中的每一個人都會帶來他本身的偏見、經驗、信念、恐懼與優勢。

這可能是很複雜的事，對於內向企業家來說，至為重要的是要將「盡職調查」（due diligence）的做法套用到這樣的情境當中。不只要針對合夥關係中的任何法律或正式面向這麼做，在你評估雙方是否做好準備以建立合夥關係、以及你和你的夥伴在精力方面的契合度有多高時，也同樣要這麼做。少了盡職調查，你不但讓企業處於危境，可能連你自己的清明神智都要賠下去。

當你準備好，你可以先隨意地去探探對方。企業教練費莉西雅・李（Felicia Lee）提供了一份簡短的劇本，建議內向的人可以這麼說：「我很欣賞你做的事，我認為我們可以談談如何一起打造企業。若你有興趣，接下來幾個星期不知道你有沒有空？我們一起喝杯咖啡，互相認識一下吧。」如果這你做不到，可以改變文字內容，以符合你的風格和個性。或是，問問看曾經以類似方法向外找人的同僚，能不能給你一份電子郵件副本（剔除可以辨識身分的細節），讓你了解該怎麼說。

◎協作的不同面向

> 我從未獨立完成任何事。我在這個國家完成的所有工作，都是群策群力。
>
> ——以色列前任總理果爾達・梅爾（Golda Meir）

以我們的目的來說，我們要把焦點放在無須法律協議的非正式合夥關係（欲了解詳情，請見TheIntrovertEntrepreneur.com 網站中的資源區）。透過拓展資源、支援和影響力圈，你可以用很多方法來擴大事業版圖。

教練指導並非運動員專屬

許多企業主最早締結的其中一種合作關係，是聘用私人教練。運動隊伍需要教練，同樣的，個人教練也可以幫助你找到正確的求勝行動，但他不會自己下場。無論是僅專注於你的企業或是綜合了個人與創業教練輔導，教練都可以成為團隊中寶貴的一份子，能提供外部觀點，也能善用與不同類型客戶與業務模式合作的經驗。

教練指導通常是一對一的合作關係，牽涉到的是專業（最好是有證照的）教練以及身為客戶的你。你和你的教練要固定對談，每個月大約是一到四次。你們訂出議程並決定優先順序，教練的責任是導引你順利完成你的規畫，讓你可以達成預期中的成果。他們的做法是仔細傾聽你所說的話（以及你沒說出來的話），看到全局並帶你回到最初所說的目標與價值觀，同時幫你做到為你選定的行動負起責任。

你應該要能和教練討論任何挑戰與機會。教練不必然是你的利基市場或所屬業務的專家；我的客戶範疇廣泛，有資訊科技專才、科學課綱作者以及結構工程師。這些領域我全無經驗，但我曾經打造與落實內向人士認為有助於其業務成長的企業策略。我的專業在於與創業相關的**流程與策略**。

同樣的道理也適用於你的教練。他應該是教練輔導方面的專家：能提出犀利的問題，反映出他在你身上看到的各項資訊、挑戰你的假設、重新建構產生不良結果的事件，並整理出一個空間讓你能以設定目標、向前邁進的方式處理你的想法。身為內向的人，你可能想要一位能在對話中留有大量空間的教練，讓你可以自行處理資訊。你也會想要有人能幫助你找到方法，在從事外向業務活動的同時也能保有你的內向。

教練的合作方式大不相同，要視你的需求和他們的風格而定。我和我自己的教練合作已逾四年，只要我仍能從雙方的合作當中得到好處，我就會繼續。（順帶一提，你的教練本人不一定也要是內向的人；不同的能量類型能帶來不同觀點！）你可能在幾個月內達成目標，也可能需要一年，也有些時候，只要上兩、三堂「強效課程」就能達標。好的教練能幫助你找到最適合你特有情境的時間架構。我和內向人士合作的經驗是，我們很喜歡有時間慢慢來並做點嘗試，在心理面和實務面皆如此。不要因為不耐煩而催動雙方的關係；有意義的進度需要時間。

教練和顧問不同，前者不會提出直接的建議，不會告訴你該做什麼，反之，他們所受的訓練是要幫助你發掘自我。如果你覺得不安、恐懼、承受不住或卡住了，對的教練可以幫助你克服這些挑戰。

聘用顧問

有些情境需要更實際、直接的做法，這就是顧問的著力點。顧問和教練不同，會直接建議你該怎麼做。有些顧問會檢視你的企業的每一個面向，針對策略、潛在障礙與機會提出建議，有些則具備特定領域的專業，例如行銷、社交媒體、授權與擴張。如果說，顧問能不能用你所屬產業的專業詞彙來對話對你來說很重要，聘用具備你所屬業務經驗或過去曾提供類似服務的顧問，很可能就大有益處。

教練和顧問都能帶來一項益處：當責。我們內向的人常常過度仰賴自我，不讓自己暴露在他人面前，和我們的企圖心和夢想有關時尤其如此。這些東西非常私密，太過珍貴，讓我們難以分享。也因此，企圖心和夢想都藏在我們內心深處，別人完全不知道我們是否實現了。好顧問或好教練會幫助你打造出穩健的商業計畫，並設計基準點讓你負起責任。這可大幅提高你的成效與堅持度。沒錯，這會讓你曝險、顯得脆弱，但回報是你可以把智囊團擴充為至少兩人，而且你也會有一位承諾要助你成功的支持者。

當責夥伴

如果你還沒準備好要聘用教練或顧問，那又怎麼辦？次佳的選擇，是找到一位受信任、可靠的當責夥伴。當責夥伴是另一位企業家，最好是和你分屬不同產業或目標市場。尋找當責夥伴的基本目的，是分享彼此的目標（可能是每天或每星期報告進度），並在一定的時限裡完成。你可以用電子郵件或電話聯絡對方以分享目標，之後協議何時再度聯繫、回報進度。

當責夥伴除了能有助於聚焦、連結與激勵之外，還有多項好處，如果你多半是獨立作業的內向人士時，更加受用。

提供架構：有些企業任務或想法只在你腦海中，沒有別人知道，也因此，總是一拖再拖，不斷出現在待辦事項當中。進行固定的當責對話，能讓你針對這些專案訂出架構和時限，並有進度，而不再只是反覆思考：「嗯，反正也沒有人知道我要做這些事，那今天就先別做了……」

得到回饋：長期下來，你的夥伴對於你的企業的了解，會大致和你不相上下，你也一樣，這樣一來，在對方徵詢時，就可能針對雙方觀察到對方的優先順序與策略提出回饋。

解決問題：無論是與新客戶協商、撥打電話給潛在客戶或是處理膠著的局面，你們會成為彼此的徵詢對象，根據你們對於對方業務或目標的深切理解提出直接、周詳的建議。

認同與鼓勵：隨著合作關係日趨成熟，你們會開始看到雙方進步的長弧，提醒著彼此我們真的做得很棒，尤其是當某一方喪氣或失焦時更有激勵效果。

諮商委員會

如果你希望納入更多人，可考慮組一個諮商委員會。我懂，這看起來可能不太像內向者的作風，但這是為你以及你的企業匯聚各方意見以及找到一群支持者的低風險方法。

你的諮商委員會不一定要像傳統的委員會聚在一起（但如果這樣做，很可能是把人們互相聯繫起來並強化你的聯盟的大好機會）。你可以把他們視為一個群體，但以電話、電子郵件或親見等方式個別諮商。找到可以讓你持續下去的最有效率、成效最高的溝通方式。組成委員會的是你尊崇的、以及在創業之路上比你領先好幾步的人。你也可以納入精神導師、過去的恩師以及雇主，或是所屬產業中焦點放在不同市場的人（這樣就不會有直接的競爭）。

除了這些非正式的結盟以外，你可能也想聘用同業當你的獨立承包商或從事長、短期專案導向的工作，藉此和他們合作。以下要分享的資訊除了可用於較隨興的協作之外，也可套用到這類較正式的關係中。兩者最大的差異，是當你聘用他人或採用外包方式時，財務與法律上的考量會成為你們所締結協議中非常重要的部分。

◎你希望請到誰走馬上任？

一旦你判定現在的時機很適合找尋夥伴，而且你也很清楚自己需要哪一類的合作關係，你就可以具體思考要找誰作為夥伴。事實上，你很可能先屬意誰作為夥伴，之後才具體了解自己想要哪一種夥伴關係；你可能只是知道你需要更多智囊團才能繼續向前邁進，或者，你強烈覺得想和某個人一起工作。到底要找誰這個問題對於內向者來說特別重要，因為社交互動會吸乾我們的精力。你要選擇的對象是，為你的企業帶來的精力至少與他們消耗掉的相等。

正因如此，確切知道你想和誰一起工作、以及你要拒絕誰才那麼重要。我們可能有一股衝動想敞開大門，接受每一個想要和我們合作的人。拒絕不是那麼容易說出口。有的時候，以達成類似目標來看，某個可能的夥伴看來很適合，但你並沒有感覺到當你和理想夥伴交流時的那種一拍即合。更糟糕的是，有些關係是你說不出什麼道理，但就是不合。要關注這些感受，相信你的直覺。你的企業太重要，你的精力太寶貴，不可以因為不同步的關係脫了軌。

假設你找到建立合作關係的理由，也知道想要哪一種關係，你要如何決定是誰？請想一想你的人際網絡中你尊敬的人以及覺得契合的人。誰能讓你精力充沛？你要考慮以下幾項因素：

技能上相輔相成：如果你偏好比較傳統的溝通方法，非常精於操作社交媒體的人很可能非常適合你。

能量上能夠互補：在對話之前、期間與之後你可以感受到你們在精力能量上的速配程度。在互動之前、期間或之後感受到焦慮、恐懼或疲倦，都是警訊。你要尋找的是溫馨感、激勵以及正能量。

能輕鬆對話：無論你的潛在夥伴是內向還是外向，互動時請注意以下幾點：

- 你覺得對話是雙向的還是單向的？
- 你能完整分享你的想法，還是你覺得你開始講了之後會停下來，留下很多欲言又止？
- 對方會不會提問，然後留時間讓你回答？
- 一起合作時，偶爾出現長時間的沉默，你也覺得很自在？
- 你是否覺得對方聽進你說的話？他有沒有展現積極傾聽的技巧？

尊重多於愛：在我的古典音樂教育告一段落時我悟出一件事：我太愛音樂，因此成不了音樂家。同樣的，你也可能因為太愛你的同僚，因此無法正式合作。你可以找到很多人幫你撰寫通訊刊物或管理網站，但只有一些人能成為值得信賴的朋友。請先三思，不要之後傷害到珍貴的個人關係。

◎關於合作關係的六大陷阱

人們（尤其是內向的人）有時候會避免協作或對其嗤之以鼻，因為他們認為這麼做的麻煩高於價值；他們自己的某一次合作經歷可能分崩離析，甚至毀了和同僚之間的關係。雖然無法保證成功或是提供防呆公式，但你可以採行以下步驟以降低合作關係出現災難的機會。

至為重要的是，合作關係應建立在共同信任、尊重與期待的穩健基礎上。開始締結合作關係時，你們可能會因為新想法而備感雀躍，認為細節方面反正會船到橋頭自然直。有時我們運氣好，協作的條件簡單明瞭，未因財務、法律或專屬權的問題而變得複雜。然而，協作成果對各方來說通常都有一些有意義、具體的利害關係，此處也是躲藏魔鬼的細節。以下這幾點很可能傷害雙方的夥伴關係，即便是最善意的合作也難逃。

預作假設

廣泛定義下的關係（尤其是專業上的合作關係）一般都很容易因為一方或雙方的假設而淪為犧牲品。在一起合作時假設誰應負責什麼、何時以及如何分配收益（或不分配），是很危險的事。我們必須從一開始就願意提出尖銳、釐清狀況的問題：我們各自負責什麼？我們多久會面？我們要合作多久？誰管理財務？我們創造出來的智慧財產屬於誰？我們個別企業裡有哪些資源（包括聯絡人）可以用在這個專案上？

還有一件事要考量：作家蘇珊・坎恩提出以下這些在關係中可能出現的默示協商（silent bargain）：「我們會陷入陷阱裡，想著：『好吧，今天我讓步，從現在開始，我的策略夥伴會記得這件事六個月，未來六個月內也會對我投桃報李。』」坎恩繼續說：「這有可能成真……你希望你的讓步已經在金色的價值帳本中記錄在案了，但這不一定如你所願。別人常常不記得你做出的讓步。因此，良好的實務操作是明說，如果你今天做出讓步，你要同一天去想到你要求對方用什麼樣的方式讓步來回報你。」

不談棘手的話題

不談棘手的話題，和做出假設很有關係。我們常常假設要避而不談困難的議題。你可能會很想跳過某些事：如何管控金錢、誰擁有你們合作的成果、是否有一方要承擔比另一方更高的風險或責任，以及如果一方或雙方需要結束合作的話，退出策略是什麼。如果協作有任何面向涉及財務、法律、保密或智慧財產權衍生物，請徹底談開。必要時尋求專業人士建議。談這些問題或許讓人不自在，你要尋求協助可能也要付出一些代價，但是不談好細節的成本可能高很多、很多。

此外，針對排他性講清楚對於合作關係來說也是很重要的事。談一談你們任何一方在合作期間會不會和其他人「劈腿」。這也是確認你有明智善用精力的方式。當其中一位夥伴在未徵詢對方之前就逕自帶入新的參與者，會很讓人不安，而且有害信任。及早確認夥伴是誰以及是否能接受另外還有別的專案。

棘手的問題也延伸到私人領域。小星球工作室（Small Planet Studio）創辦人凱特・布魯貝克（Cate Brubaker）就說了：「如果要進行長期協作，我會思考協作者的做事風格有哪些地方挑動我的神經，或者，他們有哪些我很難忽略的怪癖。我會誠實自問它們有沒有可能變成導致破局的因素。當然，我無法預見一切，因此我通常仰賴直覺。」如果你希望協作成功，重要的是，要本著經營有益關係的精神，讓每一個人都覺得以得體的態度注意到和工作有關的個人癖性是一件很安全的事。

其中一位或所有夥伴的出發點是恐懼或軟弱

理想上，雙方夥伴都應該從各自的優勢出發，每一方都應該覺得兩方的業務很穩固，有可預測且充分的現金流，產品與服務的供需都很穩定，也沒有會傷害定位的立即威脅。要確定你自己對你的工作有感情，而且完全投入你的企業。這不代表你就不會經歷一時的疑惑、恐懼或焦慮，然而，當你和他人合作時，你必須要到達一個狀態，讓你能善用自知與反省的內向優勢，以克服並管理這些感覺。

反之，如果你或對方是因為企業岌岌可危才提議合作，請小心。這相當於利用生小孩來挽救婚姻。請記得一句老話：「人在何處，心即在何處。」（古今說出類似名言的人很多，包括中國的孔子、文藝復興時代德國的宗教作家托馬斯．肯皮斯〔Thomas à Kempis〕，連電影《王牌大賤諜二部曲：時空賤諜007》〔*Austin Powers: The Spy Who Shagged Me*〕也出現過。）不管是在合作關係之內或之外，你還是你。出於匱乏的心態行事的人，在利害關係重大的情況下，就算是配上強大的對象，也不會馬上就變得樂觀。

角色與責任不清

你是否看過美國喜劇團體兩傻阿伯特與克斯特拉（Abbott and Costello）的精采喜劇橋段「誰在一壘？」（*Who's on First?*）？如果沒有看過，請上網找找。這兩人互相取笑，繞著圈圈談一場棒球賽，卻完全不知道對方在說什麼。阿伯特認為自己很清楚地說明了每一位球員的名字，克斯特拉則認為他是故意含糊其辭。

如果不在協作早期釐清角色與責任，現實生活中也很容易上演這齣荒謬喜劇。如果在每個重要關頭你們都要頻頻自問：「現在誰在一壘？誰在二壘？」那你們雙方最後一定會很沮喪，絕對笑不出來。談談你們各自的優勢與挑戰，以及這些對於相關的工作有何意義。舉例來說，身為內向的人，你可能很喜歡幕後的工作，懷著熱誠想要深入鑽研。將海報貼滿全鎮或是致電媒體以推銷你的故事，可能就不是你的心頭好。但請秉持不做假設的精神，把話談開來；事實上，你很可能想要去做這些事，可能是因為你其實很喜歡、很擅長，或者你覺得有必要多多練習。不要把誰守一壘、誰守二壘交給機率決定。

互相衝突的預期

互相衝突的預期很可能是協作中最讓人傷心的結果之一了。專案做完了，一邊對成果感到很滿意，一邊卻很失望。「我們賺到錢了！」一邊高喊，另一邊卻說：「但我們沒得到任何新的推介。」這種遺憾的狀況不僅帶來壓力與溝通不良，最後也會使得合作冰消瓦解。

解決方案很簡單，剛開始合作時也很容易解決：互相討論，並協商出共同的預期以及對成功的期待。本專案最終的目標是什麼？如果你只能從這次的合作中帶走一樣東西，那會是什麼？你如何知道這次合作成功了？你有沒有定義出任何可衡量的成果？如果比較不具體的成果對你來說很重要，你要如何衡量？你不會希望花下大量的時間、精力和資源之後，才發現你們兩個分別期待不同的結果，或者，更糟的情況是，一方全力投入以得到特定的成果，另一方卻將本次的協作當成一次大型實驗而已。如果已經投資下去的人無法達成目標，而對方又以「呃，但你看看，我們學到了很多！」作為回應，必會讓人十分氣餒。

避免衝突

在這些陷阱當中，避免衝突很可能是殺傷力最大的一項。大家都不喜歡衝突和對抗，有些內向的人會想盡辦法逃避。這麼做的主要原因並不是因為我們很害羞，不敢說出自己的心聲，或是無法面對衝突，而是因為我們很清楚這樣的過程要耗掉很多個人精力。

如果出現歧見，你最初的衝動可能是漲滿情緒，然後抽身。或者，你可能會選擇寫電子郵件或找其他方法，避開面對面的溝通。但當重要的合作關係處於危境時，任何方法都無法取代直接對話。

可考慮重新架構事件，減少當中的衝突或對抗（這些詞彙充滿了負面意涵）成分，改為想成是一場對話。你只是在分享你的憂慮，不要任事態發展到白熱化或完全崩潰。你自己要做好對話的準備，思考以下的問題：

- 我希望別人用哪種方法把這個消息傳達給我？
- 對話可能帶來的最好結果是什麼？
- 可能發生的最糟糕狀況是什麼？

・面對最糟糕的狀態，具同理心且專業的反應是什麼？

・我知道我無法顧及我的同仁、無法讓事情變好，也無法控制對方對這件事的感受，我還能控制什麼？

・對方可能在擔心什麼事？我如何騰出空間，讓對方表達這股恐懼？

這一系列的探問可以帶你完成一套查核流程，審視你自己的感受和動機，並感受到他人的立場。身為內向的人，我們多半會忘記對方無法判讀我們的心思。這些問題為我們提供一套架構，處理內在的想法與感受，並轉化成對話重點。

◎六種高效協作的最佳實務做法

說到協作，有很多很明確不可踩的地雷，同樣的，也有一些好的做法有助於為關係帶來活力，讓當中的每個人都受惠。任何事都不可視為理所當然：即便由兩個同是內向的人組成的合作關係，也不表示你們就可以馬上了解彼此，不會出現問題，搭配外向的人也不表示一定會害你瘋掉。不管是哪一種合作關係組合，帶來的可能是成功，也可能是悲劇。造成不同局面的因素，是你們有多堅持落實某些最佳實務操作。展現這類行為是一個指標，代表你們正朝著正確的方向前進。最佳實務操作無法保證一定成功，但有助於促成更讓人滿意的合作經驗。

進行開放、頻繁的溝通

進行一致的溝通，無論是透過電子郵件、電話還是親見都可以。你可以稱之為問候或流程查核，看哪一種稱呼比較適合你們的專案。當然，除了訂好的時間之外，也會需要視情況而定的溝通，但這些討論通常限於手邊議題的範疇，目的不在於因應隨著專案繼續進行而出現的全局性隱憂、機會或問題。

設定架構進行定期的問候對合作關係來說是一大優點，對於身為內向的你來說尤其如此。之前的準備時間可以讓你徹底思考你要說些什麼，如果你需要提出敏感性或情緒性的問題，那是特別重要的點。這些問候性會議讓你有個安全、現成的地方去做這些查核，讓大家都能掌握協作的脈動，確定一切都很順利。

辨識與挑戰假設

有句老話說：「隨便假設，會讓你我成為渾蛋。」但即便如此，我們還是三不五時在做假設，有時候甚至根本沒有意識到。因此，如果不做盡職調查也無警覺心，假設很可能就悄悄溜進我們的協作關係中。

針對個人的假設根深蒂固埋在我們的意識當中，在我們還沒有創業之前早就有了。教練通常把這些假設稱之為「說法」。你的說法是一系列你揣著的信念，講的是你這個人是誰以及你在哪些方面有所不能。對內向的人來說，這些說法有時候直接牴觸你知道要去做才能有所成就的事。以下是一些我聽過與有過的說法：「我不善於經營人脈。」「我無法做好銷售。」「我想大家都會認為我很無趣；他們都不了解我。」「我太沉默，無法成為成功的企業家。」「外向的人才能賺很多錢。」

這幾句話都是一種說法，是深植在我們腦海裡的想法，在父母、朋友、老師與同仁的推助之下長存不朽，也有可能是我們在經歷一次失敗或尷尬的經驗之後自行得出的結論。無論源頭或是基礎是什麼，我們都需要徹底檢查，與它們共處，不然的話，我們一定會把這些說法帶入合作關係中，它們將以不健康的方式壯大。挑戰假設，並容許你的夥伴也這麼做。在信任與尊重的協作關係中，你們可以仔細探究這些說法並加以克服，不讓它們阻礙你們的成功。

從專業上來說，非常重要的是要找出任何和本項協作有關的人、事、時、地、理由假設。內向企業家有創意、很周延，在還沒徵詢夥伴之前，就已經具體想好每一個細節和行動，這很可能導致對話裡出現空白，在現實中永遠無法填滿，只有在內向者的腦子裡補齊。但這就跟很多其他的情況一樣，心裡面想的必須展現於外。高效的合作關係以明確的角色定義為基礎，每一個人都要完全確定自己的責任是什麼。

關於誰要做什麼事的假設，應該要好好檢驗一番。如果你的協作者知道你是一位作家，逕自假設你要接下專案中所有編製內容的工作，他很可能並不知道你實際上想做的事是設計網站。當然，你要具備一些基本的知識或技能才能勝任這項工作，但是如果對方不問你、而你也不主動說，他可能完全沒有頭緒。如果你們是初次合作，而你想要討好他人的那一面又跑了出來，當對方說「你是很出色的作家，你會負責這部分，對吧？」之時，你很可能不反駁，他的假設變成你的現實，你很可能到最後愈來愈痛恨自己被指派的責任。如果你在合作時採用不假設的原則，並忠於表達自己的感受，至少有機會探索其他選項。屆時的重點將是你們一起做的選擇和協議，而不是指派的任務。

分享預期以及成功的定義

管理學大師彼得・杜拉克（Peter Drucker）說過：「衡量什麼，就完成什麼。」成功的協作要有定義明確的成功指標，核心指標（財務、觸及率、參與度、成長、品質）都應該明說，並由雙方達成協議。至於其他的，如強化特定的技能或和新交流的對象建立起有意義的關係，這些或許難以衡量，但同樣也需要說清楚。你們不一定所有預期都得一樣；重點是，你們雙方都要知道對方的預期，以及這對於合作關係的重要性。之後，你們可以開誠布公討論事情進展得如何，是不是能滿足雙方的需求（包括專業面與個人面）。

以相同的程度投入協作當中

雖然這應該毋需多言，但不做假設的意思就是不做假設：所有夥伴都要從一開始就清楚知道自己對協作的承諾是什麼，任何一方都不應該覺得被人占便宜，每一個人都要投入相等程度，得失與對方也都相同。如果你們從一開始就知道有一方的獲利會高於另一方，而且雙方都同意，這則是例外。

此外要說的是，沒有人有水晶球，也無法預知在什麼樣的情況下承諾會改變。「你希望知道基本上雙方立場是一致的，」凱特・布魯貝克表示，「在合作過程中開誠布公地溝通，會比事先找出『如果……怎麼辦』更為重要。」

從優勢出發

為了追求成功而締結合作關係，代表雙方都相信有可能成功。你們自己都已經有所成就，準備好以互利的方式擴充知識、觸及率或業務。這是一加一等於三的概念，因為每一方的企業都有機會擴大自己的容量，超過獨立運作之時。

但這不表示每個人都樂觀正向，也不代表可以避開棘手的對話。很多時候可能會出現相對的疲弱或是匱乏感。高效的協作當中會有透明度以及彈性，可以一一克服，以直接、將心比心的態度去處理恐懼或焦慮感。只有協作中相關人士的行事作風都出於健全、自信之地時，才做得到。對內向的人來說，這代表我們要信任自己的聲音與權威，必要時還要能主動積極把話說出來。

訂下退出策略

建議一開始時就要針對合作關係定下期限。如果你是欣賞架構的內向者，這等於是讓你對相關安排畫出界線，你可以事先預估要如何調整你的工作步調，以及你的能量。你也可以考慮模仿富有名人的風格，在任何財務或法律資源易手之前先簽訂「婚前協議」。明確寫出會發生的事情，以及當合作關係解散（無論是規畫中或意外）時工作、客戶、資訊、財務等等應如何劃分。當情勢發展到已經讓人很緊繃的時候，此一作法可以讓你免掉很大的壓力。

◎當你準備好外求夥伴

如果當你一想到要去找人就覺得不知所措、甚至很膽怯，你並不孤單。但請勿容許自己陷入一會兒興致勃勃、一會兒想逃避的漩渦中，反之，你可以考慮以下兩個選擇。

從小處著手

如果你曾經單獨行事，僅有朋友、家人或同事的非正式支持，你可以開始從比較小的地方將較正式的關係帶入工作中。嘗試加入或創辦定期的智囊團，尋找夥伴從事短期、獨立、低風險的專案，讓你們兩邊感受一下合作是怎麼一回事（如果失敗，你可以輕易脫身）。徵召當責夥伴互相支援；我每星期和我的當責夥伴通兩次電話，這對於讓我聚焦以及營造聯繫來說很重要。我有一位接受教練輔導的客戶和定期和朋友撥兩個小時出來一起寫作，她在這段時間內就專心寫每週的部落格貼文。這些構想替你開啟機會，讓你獲得回饋與支持，但又少了有一部分生計必得仰賴他人的潛在壓力。

要積極主動

有時候，當我們對於特定事件或一般性情勢的走向感到緊張或沮喪時，會把事情小心翼翼藏在心裡。即便我們對家人朋友的信任超過對世上任何人，但也不會完全對他們坦白或分享我們腦子裡上演的小劇場。就算有個人完全支持我們的創業風險，我們也不願意揭露自己的恐懼、認知到的失敗以及不安。因此我們沉默地受苦。

不要等到飛機要墜毀時才去尋找氧氣罩。如果你不在有需要的時候外求協助，局面很可能愈演愈烈，你會觸底，而且是孤軍奮戰。

請許下承諾，當堅忍不拔的態度或假裝勇敢讓你無法尋求協助時，要有所警覺。試著多開放一些。不要等到你覺得完全找不到任何人的時候，才發現自己找不到回頭路了。你的生活中有哪些人可以幫助你消除不斷增加的壓力？如果配偶、夥伴或朋友都做不到，考慮聘用教練。能與教練分享我的成功及失敗，讓我更能把別人帶進我的企業裡。我們之間的對話讓我肯定了一件事：

我並不孤獨。

MARY ANNE RADMACHER

瑪莉．安．拉德瑪赫

藝術家、手作家（apronary）兼《勇氣不見得大聲張揚》（*Courage Doesn't Always Roar*）的作者。

問：你如何知道自己何時做好準備，可和應用洞見公司（Applied Insight）建立正式的合作關係？

選擇聯盟或夥伴關係是很難的事。帶著後見之明回顧過去，其實有很多事給了我充分的資訊，然而當時我選擇忽視這些訊號與警告。我和應用洞見公司合作最大的不同，是我曾經和公司執行長狄安娜．黛維絲博士（Dr. Deanna Davis）在幾個不同領域嘗試過合作關係。我們看到對方的專業做法，我們互相教導，我也讀了她的作品。我們在很多小地方先針對專業關係試水溫，最後才議定更重要的盟約。

問：你在起跑（Kickstarter）平台上完成群眾募資案，你從中學到哪些心得可以提供給有意從事類似作為的內向企業家參考？

從事這類起跑專案活動要向大眾「請求」，我在情緒上並未做好準備去面對會感受到的脆弱。我抗拒去閱讀「如何執行成功的專案」，我打從心裡全心投入，憑藉的是我最真確的聲音。身為公眾人物三十年之後，要求大家拿錢出來實現一場屬於兩個人的夢，就像是坐雲霄飛車一樣。我和黛維絲博士向外去聯繫我們共有與各自的社群。滿溢的支持和肯定，讓我不知所措。我還是不時會想到這件事而心情激動。起跑平台提供資金的這個過程，在我教學以及提供流程這方面已經幫助我創造出大不同的局面。

做好準備對公眾提出「請求」，或者如作家戴派蒂（Patti Digh）喜歡的說法：提出「強力的要約」，需要在情緒上做好準備。我通常不會用外在的衡量標準來定義自己，但即便如此，當專案遲滯不動時，我的自信也跟著受影響，這讓我很訝異。我會說，在流程裡的每一天，利用小型的支持圈（你個人的系統或是你會信任的人）做好準備並展現你的勇氣，那你就會有膽量說出：

「我需要你幫忙，我正在請求你這麼做。」

問：你認為哪些最重要的「最佳實務操作」有助於協作成功？

能有些流程以便對夥伴把話講清楚很重要。夥伴不會讀心術。如果你太忙而不能履行承諾，把話說出來。沉默有各種意義，不要期待夥伴自動補上你沉默的空白。快快地寫個備忘，或是用電子郵件確認，簡訊或是打電話做簡短的更新，都可以提升正向的動能並減少焦慮和疑問。

CHAPTER 8

符合內向者風格的企業擴張

——Business Expansion: Bigger and Better, Introvert-Style

◎快要塞不下了：你怎麼知道何時該成長？

在某個時刻，你的企業會壯大，已經無法套入最初的設計了。線索出現的形式，可能是你的客戶需要新的或不同的服務，或者你的直覺告訴你此時就該投入前景看好的新方向。這會比我們前一章討論過的針對一次性專案去找當責夥伴或協作更重大。擴大企業、加入全職的夥伴或員工，這個決定會徹底改變你的經營方式，並影響你的成功定義。之前雄心萬丈的目標現在看來可能差強人意，過去你一人承擔的風險，現在得賭上其他同樣投入其中的夥伴、客戶和顧客。

你如何知道你已經準備好了？相關的信號和我們討論比較小規模的合作關係時講過的並無太多不同。請注意，我們檢視這些徵兆時，都要以豐盈的態度為基礎；你想要成長，是因為你成功了，你的企業即是明證。如果你決定擴張是因為你現在正在做的事不順利，或是因為你擔心如果你不擴張就會被比下去，那麼，請退後一步，面對目前的現狀。請記住：不要試著用生小孩來挽救婚姻。擴大一家有問題的企業，只是讓麻煩更麻煩。

如果出現以下的情形，代表你已準備好考慮擴大：

你在專業上已經碰到天花板，但是你的企業願景還沒到頂：你的服務或產品還有進一步發展的空間，但擴大會讓你脫離原本為你核心優勢的業務活動，進入你覺得比較不能勝任的領域。這個時候就該找人參與，好讓你可以聚焦在你做得最好的工作上面。

你想攻入新市場、客戶與顧客：現在的市場可能已經飽和，而你也做好準備跨入新市場，或是你看到剛開始創業時不可得或不明顯的領域出現潛力。

你判斷你無法靠自己就把事情做好：這並不必然是因為你覺得已無法承受、工作過了頭，惟當中很可能有這麼一點味道。這裡的重點比較在於看到機會和想法，如果你可以有多點幫手的話，或許能實現。因應之道可能簡單如聘用行政助理或兼職員工來負責接單出貨、行銷或社交媒體。你選的人可以助你一臂之力也可以毀了你，因此我們要討論如何設立這樣的職位，好讓你替你的內向能量找到同步的搭配對象。

你準備好不再用時間換錢：有一位接受我教練輔導的客戶過去都根據預估的專案工時報價，她會把工時加起來，乘上每小時的薪資，並考慮材料以及轉外包的成本，然後從這裡得出報價。這樣的方式沒問題，也可以支付帳單，但賺不到她想要賺的大錢。為何？因為她沒有要求。她用時間換錢，而不是考慮她想從外包契約中賺多少或外包契約的價值多少。她花掉的工時常常高於預估，但是她很猶豫不知道該不該向客戶請款（或者也無法請款）。一旦她轉入成長模式，超越用時間換金錢的思考，就能改變她的視野，將重點放在她的專業、貢獻和成果上。

你已經達到一定的成就，但仍看到還有成長的機會：你的客戶和顧客為你提供回饋，指向你該進入新領域。

以下有一個簡單的範例：你經營一家書店，你的顧客開始問你有沒有舉辦讀書會。賺取額外營收的潛力很高，因為你可以提供特別優惠導引讀書會裡每個人都向你買書，你可以收取小額的場地費，你也可以提供其他加值服務，讓你的書店成為讀書會聚會的好地點。你知道如果要把這件事做好，你需要一位協調員管理後勤。

或者，你是一位顧問。你發展出來的內容數量已經夠多，足以成書、製作成ＤＶＤ或其他資訊產品。這些可以幫助你接觸到更多人，也有利於現有客戶。你知道要製作這些產品要花時間，也需要特殊專業才能者，你也預見這很可能是一個持續性的專案，每一場簡報都要轉化成新產品。團隊聘用數位媒體助理或資訊產品協調員，很可能是明智的投資。

請注意，我列清單時一開頭的用語是**準備好考慮**。你可能覺得我提的這幾項有一點或多點適用於你的情況，即使如此，重要的是要評估選項並了解你背後的動機。你的成長動機必須相信有可能做到，你應該感受到你是朝著某個目標邁進，而不是在逃避什麼。

◎找到你要領導的人群

在他人手下任職過的人都曾經對自己說：「由我來管理會比這個笨蛋做的好。」呃，好吧，我們或許沒有這麼尖刻，但是我們想好完美的答案和解決方案的當下，是坐在舒適的辦公室裡，遠離火線。一旦發現自己成為他人眼中的「笨蛋」，將會是讓你眼界大開的經驗，也很可能挑戰你的內向能量。你被迫要比以前更身在當下、要讓別人更能看到你，而且要更善於言詞。而且，你會看到自己身上的更多優點和挑戰，超越以前你對於自己的認知。

如果你過去沒有太多位居領導職的經驗，你可能不知道自己的領導風格是什麼，也不了解人們如何回應處於這個職務的你，直到現在你因為創業而成為了領導者。差別是，當你向前邁進，你要管理的是人，而不只是流程和專案。當受成敗影響的人從你變成參與的所有人，利害關係就變大了，這樣的心態轉變有其必要。

一旦你讓別人加入你的行列，很多事就會變得不一樣了。如果你在掌控方面有任何問題，幾乎馬上就會起反應。你會知道你很喜歡每天都和人互動，還是比較喜歡擁有大把的獨處時間。你的風格可能比較適合擁有需要強大精神導師的員工，又或者，你喜歡的是比較有經驗、比較不需要監督的員工。

你的領導風格是哪一種，又要怎麼做才能成為高效的領導者，這是個大哉問，本書無法充分討論。內向的人常常展現多種領導特色，以下是精選清單，其中有些你到現在應該聽得很多了：

- **深思熟慮**：內向的人在內心處理資訊，通常只在考慮夠了之後才行動。他們會先想好才把話說出口，而不會利用說話來思考。
- **冷靜、沉著、鎮定**：由於內向的人天性想很多，他們多半都具備冷靜下來的能量，這有助於為他人營造信賴與安全的氛圍。
- **對公司（使命、願景、團隊）懷有抱負，而不是對自己**：身在最重要位置，暴露在聚光燈下，通常不是內向者的目標。內向的人可以也確實會帶頭衝鋒陷陣，但焦點永遠都是放在公司上面，而非自我推銷。
- **必要時擔起責任，完成時歸功於他人**：他們把焦點放在手邊的工作，代表內向的人不覺得需要搶功或卸責。我們都享受認可吧？當然。但這通常不是內向者的主要動力。
- **主動聆聽的技巧**：內向的人是敏銳的觀察者，喜歡蒐集資訊、加以處理，然後得出結論。大多數比較喜歡聽，比較不愛說。
- **微妙的魅力**：內向的領導人安靜地得到身邊眾人的尊重，並吸引了大家。他們的磁吸力不是極端的，比較屬於團隊導向。

補充：更多值得推薦的領導力相關資源都在 TheIntrovertEntrepreneur.com 網站中的資源區。閱讀領導相關的資料，參加一些作坊或講座，或是聘用教練協助你找到你獨特的風格並培養領導技能。即便你在成長期間仍是一人企業家，你還是可以成為同儕或所屬產業的領導者。

一旦你針對身為領導者的你是一個怎麼樣的人做了一些反省之後，就該決定你要領導誰。答案可能很明顯。舉例來說，如果有很多積壓訂單，出貨速度很難跟上，先聘用負責接單出貨的行政助理可能是明智之舉。你可能也會發現社交媒體與行銷管道太多，你每天都要耗掉很多時間傳播訊息。行銷總監或是社交媒體助理可以扛下這項責任，讓你有時間從事其他業務發展活動。

在這些情況下，你的任務都很直截了當：你撰寫明確的職務說明，納入技能、經驗加上要求的學歷、責任、評估流程、期望和目標，視情況適用。你甚至可以更進一步，詳細描繪理想候選人，包括他們的人格特質與能量水準。

且讓我們假設，你需要設置的職務類型沒這麼顯而易見。你只知道你需要多一些人在背後支持你的企業。就算對方需要做哪些事你還模模糊糊，但你可能很清楚你想要哪一種類型的人，甚至你心裡可能已經有了人選。這樣的做法自會引發特有的挑戰與機會；考慮和你知道、喜歡且尊重的人密切合作是一件很暢快的事，但這一定會改變你們在公事上開始合作之前的友誼性質。

當你決定要根據特定個人、而不是根據職務說明書聘用時，可以有機會和對方一起設定這份職務的性質。你不一定要從一片空白開始；身為企業主，你仍有特權替這份職務設定調性並列出你的願景。從這份清單出發，你們之後可以合作微調這樣的職務，確定可以發揮每個人最大的長處，並滿足企業的需求。要小心不要疏忽，用太隨興的態度看待期望與目標。因為雙方都很了解對方，你們很可能會想說：「喔，我們總是會想出辦法解決的。」或是「如果是別人來做而不是你，我可能會量化這些目標。」你們或許是一起想出職務說明，但在這麼做時請把未來放在心裡。到了某個時候，這份說明書可能要用在新的應徵者身上，你會希望文件中適當地列出了相關細節。這一點在績效考核時特別重要。

在任何聘用流程中，重點是要考量對方的個性和能量，確認他們和你能相容。請注意我說的是「相容」，而不是「相同」。你們不用相同，也可以合作愉快。兩個或更多內向的人在同一個空間工作聽起來或許像是理想狀況，但如果你容許每個人都隔離獨立或避開聚光燈，就沒這麼美好了。辦公室裡要是沒半個人想接電話或去經營人脈，這可是大問題！最後，身為主導大局的企業家，你的工作是要確定你的企業走出去。聘用太多內向的人之後，你可能會發現你們只是讓彼此都舒適地躲在繭裡。

理想的解決方案，是聘用能量可以和你互補、而不是和你一樣的人，不用去管對方是內向還是外向。有很多「外向的內向者」很喜歡銷售與經營人脈帶來的挑戰（也許你正是其中之一！）。他們認為這是一項需要克服的任務，將會用決心和毅力去完成。也有很多外向的人具敏感度，這樣的人正好平衡你的內向能量。他們過去可能曾和內向的人共事，或者密友或摯愛的人是內向的人。你會注意到雖然他們的能量比較外向，但也是很好的傾聽者，也知道他們自己以及他們的能量對於他人有哪些影響。

當你在考慮可能的同事時，你還要額外考慮以下這些：

- 對於企業的走向有共同願景，或者至少有共同的理解（這一點在聘用高階人才時最重要）
- 大致上正面、什麼都做得到的態度
- 明確的溝通風格
- 學習曲線，包括了解、學習你的公司以及學習完成特定任務

最重要的是，要非常注意你對於對方的能量有何反應。當你和他相處之後，你是否覺得耗

神、困惑或沮喪？如果是，請想一想影響你的因素是什麼，並思考這是環境造成的，或者，這毫無疑問是他的個性的一部分。

最後，請記住適用世上每個人的真理：我們每一個人都不完美。沒有人可以滿足所有你想要的特質，預期別人對你的企業和你一樣熱情投入，也並不合理。你可能找到「理想」的對象；但你有很大的機率會發現自己不斷權衡優缺點，最後才判定「好，他很適合這份職務」。要確定對方的優點多過缺點；你的企業太重要，不容妥協。

◎為何要成長需要你見樹又見林？

還記得不要「見樹不見林」這句話嗎？這句話精準總結了當企業家準備進入成長期時等在前方的危險。樹，四處都有！而林（也就是大局），嗯，在某個……地方……

對於內向企業家來說尤其是這樣。我們的內求導向有時候導致我們把重點放在細節以及所有的小小運作環節。注重細節絕對很重要；你要能夠看見並識別身邊的每一棵樹。但不要忽略了森林；森林是你的**為什麼**，是你一開始創業的理由。這是你的目標、願景與核心。

來看看一個範例：我一位客戶任職於一家大型企業，但是她擔任創業的角色，她判定她的**為什麼**是：「我要讓好事實現。」聽起來很簡單，對吧？然而，便是這樣的簡明清晰讓她能定錨，當**什麼**與**如何**要把她捲走時穩住。她可以透過這樣的鏡片看到「樹」，並用一個基本的問題來導引她的行動：這如何能創造好事？

我們很容易就被企業裡的**什麼**困住。以我的客戶為例，如果她太注重執行面，她的風險就是讓**為什麼**走偏；為什麼的重點在於正面的成果，而非特定的產品或服務。

當你的企業在成長時，非常重要的是你要把森林放在想法的最重要位置，當「樹」造成威脅、要把「林」擠出去時，不可妥協。企業的**為什麼**幫助你做出重要決策，包括要往哪個方向成長以及要交給誰負責。

這還有另一項益處：你可以不用控制得這麼緊。當你最重要的事情是實現好事，如果你想成功，那你就要抱持開放的態度，相信不同的方法都可以落實這個構想。**如何**或**什麼**的問題就不再像終極目標這麼重要。

我不斷繞回到之前我講過的一句話：「我對結果抱持開放的態度，並不執著。」這些話是一位同樣從事教練輔導的同僚和我分享的，當我涉足與嘗試新事物時，對我來說是極美好的禮物。從我自身以及客戶身上，我注意到當我們很掙扎時，當我們因為事情的發展不如預期而覺得沮喪時，或是對方的行動不符合我們的期望時，有一個根本上的理由會引發我們的壓力：執著。

如果你執著，就會緊緊抓住不放，彷彿特定的結果是你的救生艇一樣。一旦你執著，你就會**太過**聚焦，因而沒有彈性。你無法根據未預知到的因素調整，因為你只接受某一條路。

比較讓人樂見的心態，是能讓你放鬆期待、「應該如何」的想法以及假設，而且能阻止你身陷不斷探問「如果……又如何」的未知無底洞。從不執著的境地出發，你更能做好準備以征服路上的任何顛簸，甚至將其輾平。

這很容易嗎？不容易。此時正適合重提第二章引用過的一段話：「路明明很順很好走，你為何又自己把石頭丟在眼前？」我們常常自己替自己製造障礙。這些石頭通常是你執著於某個人、地方、想法或結果。這類石頭很難識別，因為它們通常偽裝成目標。但如果有必要改變目標，那又如何？如果我們太過執著於特定結果，那會怎麼樣？如果地圖上已經找不到我們要去的地方、因此需要修正路線，那又如何？

如果我們採開放態度，由旅程帶領我們，而不是強求特定的結果，比較可能順利抵達終點，而且是在完好無缺的狀態之下。這樣做可能會讓人不安，我們也不太可能放掉這些石頭（畢竟，這些石頭容許我們躲在藉口之後，自認在保護我們的安全）。但是一旦我們理解到自己在眼前丟了多少石頭（或是我們把多少小石礫變成大石塊），我們就可以開始移動，進入更開放更好奇、少恐懼少封閉的境地，這也讓具備勢不可擋潛力的企業更進一步成長，讓每一個人都更欣喜。

對結果抱持開放態度、不要執著還有另一個好處。當你不那麼需要緊密控制一切時，就能更開放面對其他人的影響力。你可以成為更好的傾聽者，更周延思考向你提出的所有構想。你也比較不會用競爭的心態來對待產業裡的同業。為何？因為你是一塊海綿，可以吸收一切，具備彈力，也可因應情境能屈能伸，而不是一塊煤渣磚，當有人用力搥下時就裂開來了。你會吸收資訊，善用有用的，幫助你實現你的**為什麼**，並把沒幫助的廢水擠掉。

JADAH SELLNER

潔妲・賽勒娜

簡單綠果昔（Simple Green Smoothies）與潔妲網（jadahsellner.com）共同創辦人。

問：你在企業網站個人小傳中的顯眼處宣稱「我是內向的人」。對你而言，在這裡這樣寫有何重要意義？

我的重點是要分享我是個內向的人，證明就算你要用你跟這個世界以及世界上的人的交流方式，來捍衛自己的能量、空間與時間，絕對仍有可能打造擁有熱情擁護者的繁榮昌盛線上企業，就像我利用簡單綠果昔所做到的結果一樣。短短兩年，簡單綠果昔透過電子郵件與社交媒體帳號已經連結了超過百萬的支持者。

我的長處之一，在於我是一個聯繫者，我發現，很多在個性光譜中非常接近內向這一方的人也都是這樣。我們渴望和一小群人建立更深入、更親密的關係。當我出席大型研討會、身邊有一大群人時，我會覺得僵住了，真的很不自在。我發現我會常常逃開，以便重新充滿並保有我的能量。但我善用這一點當成優點，當天會找一個我想要搭上線的人，之後他們會成為我的新知交。他們會覺得被看到、被聽到了。

問：隨著你的社群與企業擴張，你做了哪些特意的選擇幫助你彰顯你的內向能量與核心價值？

我花了一點時間才真心接納我的內向能量與核心價值。過去我一直認為大家必然覺得我很高傲，因為我在大團體內安靜到不說話。隨著我的社群與企業擴大，我得出了幾個道理：

一、打造一個外向者組成的團隊：我的摯友與精神導師強納森．菲爾德斯（Jonathan Fields）向我提供一條很棒的祕訣，就是要讓你身邊有很多很外向的人。我的企業夥伴珍．漢莎德（Jen Hansard）就是外向的人，因此，當我們一同去參加大型研討會時，就由她先開路，開啟話頭。我們的社群幸福專員也是外向的人，她很樂於整天和我們的社群對話。

二、允許重新充電：多年來，我學到當我開始覺得別人和他們的能量讓我受不了時，不要去批判自己。當我從對話或午餐會中溜開，我會容許自己退避到一個比較安靜的地方，或是我的旅館客房裡，我會告訴自己這麼做沒問題。這讓我在當天稍後可以完全投入。我只要說：「我需要休息一下，我們稍後見。」

三、安排連結時間：身處深入的關係對我來說很重要。但由於我很容易留在家裡、穿著睡衣躲在筆記型電腦或書後面一整天，因此我必須確定我有排定時間和我最重視的人相處。我一定會安排和先生與女兒的午餐與晚餐約會，這樣我才不會錯過建立連結的時間。我也安排在工作前或結束後和家人親友約會，讓身心能暫離工作，獲得休息。

獨處時讓我覺得很安心，但我知道自己的核心價值是要和我親近的家人親友圈相連結。因此，最重要的是要知道誰在這個圈裡。之後，永遠對他們說「好」。一旦你找到誰是你的安全圈裡的人，就比較容易捍衛你的時間和能量，對圈外的人說「不」。

問：伴隨著成長而來的，是愈來愈多人需要我們的時間和精力；想瓜分我們的人更多了！你對內向企業家有何建議，幫助他們克服企業成長時的建立關係議題？

當我的企業成長時，我必須養成持續性的操作，不斷回頭確認對我而言最重要的事物是什麼。我會和我的企業夥伴逐季規畫這一年的業務，並且每年和我的先生一起檢視我的目標和夢想。這麼一來，在我的企業以及個人生活中最重要的人都能和我同步。當更多機會與閃閃發亮的東西出現在我眼前，由於我很清楚當年最重要的是什麼，因此比較容易拒絕。這並不輕鬆，但是比較容易一點。我也很樂於快速回覆我必須帶著很多的愛去拒絕的邀約，以下就是我最近發出的一封電子郵件：

「實際上我從一月到三月都處於非常忙碌的模式，要撰寫簡單綠果昔的新書與編寫食譜。我已經做好計畫，週末我要玩樂、休息與充電，因此，我跳上『不要』的這列火車，對其他的一切揮手道別。」

CHAPTER 9

加速失敗？留在舒適圈？或是做好準備迎接成功？

——Accelerating Failure, Staying in Your Comfort Zone, and Other Ways to Set Yourself Up for Success

◎不去嘗試就是失誤

想一想以下這個問題：需要多久的時間你才能創業成功或完成任何你想做到的事？

要看你願意做多少嘗試。

假設你去參加一場農村嘉年華，你決定你想要替三歲的兒子贏得一隻填充動物玩偶。你的選項包括把圈圈套到柱子上（有五次機會）或是打地鼠（有十次機會）。你只需要成功一次就好，為什麼他們給你這麼多機會？

以嘉年華來說，我們都很清楚那是怎麼一回事。我們知道必須要嘗試幾次才能成功，因為遊戲本身設計成極富挑戰性（但願不是讓人贏不了）。丟五次，我們或許能讓圈圈套在柱子上一次……很可能，那是等到我們丟最後一次才實現。

我們都憑經驗知道，要假設自己不會第一次丟就贏得填充玩偶。我們需要多個機會，練習投擲，而且就算我們感到沮喪，也要堅持下去。

那麼，為何講到業務發展時，我們就把這些全忘了？

◎增加你的贏面

跌倒七次，站起八次。

——日本諺語

我的業務發展行動計畫包括某些熟悉領域的活動，從某些方面來說比打地鼠簡單多了：撰寫部落貼文與文章、製作網路廣播、為客戶提供教練輔導。

另外也包括一些讓我這個內向者覺得很脆弱的活動：做簡報、參與經營人脈的活動、寫電子郵件與打電話給陌生人。

我必須持續不斷且頻繁地去做這些活動，才能做到每針對同樣的資訊做五次簡報之後，會有一次帶來穩健的潛在客戶。如果我想增加贏面，除了去做讓我覺得很自在的工作之外，我還必須去做讓我不舒服的工作，一而再、再而三。

光是想到這一點，就好像按下我腦袋裡標示為「不安全！」以及「你是誰啊，自以為能……」等的按鍵。當我們把自己放在這樣的位置上、讓內在外顯時，就會覺得自己暴露在風險中。如果我們認為每一次嘗試都必須完美，更是如此。當我們開始走向不安與懷疑之路，很容易轉向內在世界，認為我們可以靠一己之力理出頭緒。之後，我們會想起來，對著恐懼照光、讓它們不至於在我們的大腦陰暗處化膿，是一件很重要的事。

你可能聽過一句話：「你抗拒的，將會持續存在。」恐懼將會一直敲門，直到你打開門。當你能看清恐懼的真貌、處理恐懼並好好去做該做的事，就出現了轉捩點。你不能讓抗拒心阻礙你採行你該做、但現在還不完美的行動。就像加拿大冰球選手韋恩．格雷茨基（Wayne Gretzky）說的：「你不去嘗試，就是百分之百的失誤。」

因此，如果你不寫電子郵件，不拿起電話，那麼，所有人都不會知道你要如何幫助他們，他們也沒有機會要你：「請說得更仔細一點。」反之，你是代表他們先說出了「不」。

你到底為什麼想要這樣做？你為何想替他們做出這樣的決策？

很多時候，我們在腦子裡待得太久，我們選擇躲進內向世界裡，而不是導引出來。或者，我們會開始找藉口，判定去把所有襪子配成對是更重要的事。出現這種狀況時，請提醒自己你為何想做現在做的事，以及，你的責任是要把你特有的天賦帶進這個世界。

內向企業家經常感受到的緊張，來自於他們覺得自己受到召喚去做的事，以及必須要做的事。以性質來說，服務他人代表我們和別人共事並進行某種程度上的交流，一定會有些時候我們覺得無法勝任。在那些時候，請自問以下幾個核心問題：我為何創業？我為人們解決哪些問題？

我覺得要對什麼以及對誰負責？用你的答案提醒自己，為何你持續現身、為仰賴你的人提供產品服務如此重要。想想看，如果你仰賴的人不再去做原本他們做的事，那會如何？你的人生不會因此而變得更糟糕嗎？你服務的人對你也有相同的感覺。

基本原則實際上非常簡單：你要做的，就是以真實真確的態度現身，信任並分享你的價值，提供產品和服務，然後看看情況將如何。你要抱持好奇，並明白每一次的失敗都讓你往前踏一步，更接近你想要的成功。當你容許好奇取代恐懼，失敗也可以成為你的朋友。

◎即興行動與內向的人：難以想像的組合

用這種精神，再加上我之前所說的，學習如何加速（以及全心接納）失敗，非常重要。即興劇場的技巧在這方面惠我良多，因為即興表演的重點就是當你拿到檸檬時想辦法榨成檸檬汁。

對我來說，即興發揮挑動我每根敏感的神經。也因此，在我創辦內向企業家顧問公司（Introvert Entrepreneur）之後，我第一批發送出去的其中一封電子郵件是給一位教授即興表演課程的同僚：實際去學如何即興發揮這個想法，讓我既期待又怕受傷害，我覺得，這將會是一次影響深遠的體驗。我在之前的作坊中曾經接觸過，當時我很猶豫，頂多只能發出一點聲音或丟擲物品。在一群陌生人面前站在聚光燈下臨場發揮，對我來說太過頭了。身為內向的人，我喜歡做足準備，知道接下來將會如何，我要面對哪些期待。我不喜歡出其不意。一旦我們做完了熱身暖場的活動，進入需要真的講點什麼的時候，恐懼就出現了。我有一個壞習慣，一邊聽會一邊想著等等輪到我時該說什麼，這表示我根本沒真正在聽。等到輪到我的時候，我會結結巴巴說出一些莫名其妙的話，至少在我耳裡聽來如此。從這個觀點來說，即興表演讓人難以忍受。

然而，在我和同僚一起主辦的多場作坊期間，我發現即興發揮也很有樂趣，讓人覺得很自由，幫助我相信自己，知道不管我說了什麼，對方都會接受。這改變並非一夜之間，要花時間才能習慣我不用對細節一絲不苟、在腦海裡什麼都想好才說出口。情勢發展很快，我根本沒有時間停下來想：「這麼說聽起來有多愚蠢？」因為我們已經又繼續往下進行了。猜猜怎麼著？我活下來了。

對內向企業家來說，重點是犯錯與願意踏入未知不僅沒問題，還可以說是根本很必要。在理智上明白這一點是一回事，有足夠的信任去做又是另一回事。信任或許可以幫助你向前邁進，但是無法消除你跳入沒有預定成果、沒有保證結果的情境時會感受到的不安。

◎為何尊重你的舒適圈是一個好主意

在一個注重個人發展的世界裡，踏出你的舒適圈（通常前面還要加上你必須這幾個字）這句話常出現，但我決定再也別說。

說到底，我為什麼會想要踏出我的舒適圈？我的舒適圈裡有黑巧克力、午睡、小貓、終生摯友、安坐家中的寧靜傍晚以及坐在舒服扶手椅上閱讀的時光。這是溫馨舒適之地，那些叫我要踏出此地的人卻說，我留在這裡會變成一團不接受挑戰、對什麼都不置可否的爛泥，堆滿了蜘蛛網和一層灰塵。

叫我踏出舒適圈，就是叫我去做一些讓我害怕的事。我可以想像去做讓人害怕的事，而這就好像盛夏時赤腳踩在人行道上，我可以看到自己一有機會就會跳回涼爽、舒適的草地上。

叫我「踏出去」聽起來總是讓人覺得告誡意味濃厚（「你趕快動起來！」），因此我開始喜歡另一種說法：「擴大你的舒適圈。」利用每一次的經驗讓你的舒適圈擴大一點點，以包容更多的經驗。這讓人覺得比較安心。但最近不一樣了。出現什麼變化？因為我體會到舒適一詞承擔了太多批判。身在舒適圈裡就等於不好／安全，身在舒適圈外則代表很好／可怕。

如今我將舒適圈當成我需要也想要的東西，這是讓我能重新充電的安全之地。或許是因為我的內向心聲強大且明確，但我認為我的舒適圈很好也沒什麼問題，謝了。

體認到我們仍需要一種說法來表達我們正在成長，我建議改說擴大我們的才能區。我希望擴大我有能力去做的事以及能成為的樣子。使用才能一詞，代表我認同我已經具備某些技能與天賦。這認可了我有些天生的優勢。我可能沒有全力發揮我的才能，因此需要擴大。

用詞很重要。在這樣的重新建構當中，背景脈絡改變了：我不再是從「壞的／安全的」跨入「好的／可怕的」，而是從好變成更好。我從力量之地出發，走向擁有更大的力量，而不是從軟弱走向相對大的力量。

內向企業家如何擴大才能區？

你可以利用以下這些方法擴大才能區：想辦法在大型、嘈雜或冗長的活動期間，或是當你和擁有更快速／更高亢能量的人相處時重新充電。學習把你的寧靜與安全隨時帶在心中。閉起眼睛休息一分鐘……到戶外走走……花點時間在洗手間……戴上耳塞，這些都沒問題。藉著發展出方法快速和你比較安靜的能量來源重新連線，你也可以在一個可能會讓你耗神的環境中增進你的才能。

當你這麼做時，也可以更進一步，**要求你需要的或你想要的**。該離開時，你就走人，不用找藉口，無須理由。如果你有話要說，就說出來。如果你找不到機會插話，就在對話之後分享。練習在出門的時候照顧自己，不要任由別人說服你或誘導你。講到你的能量與你的需求，別人不會照顧你。你必須要知道你要什麼，並且提出要求。

做出決定，**完全接受你的內向本性**。作者蘇菲亞・當布林（Sophia Dembling）便提出她的個人洞見：「一旦我開始特意去思考我的內向並懷著目標和內向合作，過去很棘手的事情就變得很容易了。舉例來說，一旦我判定我沒有責任去接電話，接電話這件事就變得輕鬆了，我去接是因為我選擇要接，而不是因為我覺得這個世界要求我這樣做。一旦我知道我準備要離開時就可以離開派對，要去參加派對這件事情從一開始就變得輕鬆多了。」

和未知為友。內向的人通常喜歡做足準備，很清楚要期待什麼。快速反應、身在聚光燈下、因應曖昧不明的期待，這些都不在我們鍾愛事物清單中的前幾名。但我們也知道，人生總是有各種不同的情況、各種不同的人，我們永遠也無法做足準備。在這些時候，請從恐懼轉換到好奇。你不要想著：「我不知道將會發生什麼事！」請轉念：「我很好奇不知道會發生什麼事？」你要相信，不管發生什麼事，你都處理得了。

如果你需要培養內在的信任，**請去參加即興表演作坊**。即興發揮是一種安全、有條理的方法，讓你練習管理意外並擴大你的才能區。即興發揮當中有必要的規則訂下架構以及共同的預期，而且永遠都允許失敗。即興發揮的重點在於接受接納、真實真確、身在當下以及信任，這些也讓內向的人可以在混亂當中醞釀出個人的能量與安全感。

踏出舒適圈這句話或許可以打動某些人，但對我無效。你或許就會因這句話而受到鼓舞；也因此，當我在分享我的觀點時，總是預期會有人反駁。我對你提出的挑戰是，找到方法同時優游於兩者，不用從當中擇一。你不一定要從享受自在或是驚慌失措中選擇一種。尊重你對於自在的渴求，你將會得到更多的力量，更勇於探索新領域。開始聚焦在你想要成長的領域，以你已經擁有的為基礎，並加入可擴大才能的新經驗。只要你能隨時取用黑巧克力或其他舒適圈裡的好物，你就沒問題。

◎可永續長存的內向企業家

我支持的（行動）是具備真實真確、有根源、原創、活力充沛、均衡、好品味、能溝通、具挑戰而且與時代息息相關；簡言之，就是要合情合理。

——捷克前總統瓦茨拉夫・哈維爾（Václav Havel）

有時候，有些詞彙一而再地出現，讓我們根本無法視而不見。對我來說，有一個經常出現的主題，那就是永續（sustainability）。我們最常聽到永續這個詞的地方，是在環保相關議題上或是企業及組織的運作。幾年前我去參加一場輔導教練人員會議，有一場題為「永續：教練輔導的下一項優勢」（Sustainability: The Next Edge of Coaching）的簡報觸動了我的想法。這場簡報當然觸動我針對我的一般專業去思考幾個問題，但當我自問：「我能否永續？」這個問題時，卻有了更深刻的領悟。

請自問這個問題：我能否永續？

《美國傳統字典》（*American Heritage Dictionary*）裡對於「sustain」一字的定義中，有兩個我很喜歡：

提供必需品或養分；供養

支持精神、活力或決心；鼓舞

如果你能永續，那你必定有在照顧自己，供養你的需求，並將活力與精神維持在合理水準之上。如果從環保領域借用，永續也表示你在不消耗未來資源的條件下滿足目前的需求。

當你開始想著：「我好累……我過勞」，一邊又覺得你已經很努力、但需要更努力時，請明白你正在做出一點都無法永續的選擇。

你有過這種感覺嗎？你有沒有發現自己說：「我再也無法繼續這樣了」？若是，代表你也在體驗我的痛苦。且讓我們來檢視幾個影響個人永續的選項：

時間：你在排定優先順序以及管理時間上表現得如何？你的行事曆是否填滿應做的事情與責任，讓你出現經常性的疲累（心理上、生理上、情緒上）？你是否為自己、朋友、家人，甚至寵物挪出足夠的時間？如果明年必須不斷重複這星期的時程安排，你辦得到嗎？

金錢：大家都愛談錢，對吧？就像我們會花時間也會省時間一樣，我們花錢與省錢的方式，也反映了我們的優先順序。你的生活水準是符合、低於還是高於你的生計？你會交替過著揮霍和拮据的生活嗎？你能否滿足近期的基本需求、同時還有資源用小小的奢侈滿足你的精神，比方說音樂、書籍、藝術和旅行？

健康：如果你不選擇可以維繫能量的選項，最後就會「空轉」。如果你為了短期的利得做出短多長空的選擇，就會像沒油的汽車一樣，在半路就拋錨不動了。某些選擇，比方說速食、空虛的熱量、熬夜不睡、不太運動，會以變胖、疾病或受傷等形式悄悄入侵。另一種陷阱則是以「不是零就是一」的方式出現：完全不碰甜點、每天運動、不吃速食。你的企圖和意志力可能持續幾天、幾星期甚至幾個月，但這樣的做法通常難以維持。哪一種選擇能長期維繫你的精力、又適合你的生活方式？

獨處時光：這對內向的人來說特別重要。你是否有足夠的暫停時間來維繫你的精力，讓你能夠經營事業？或者從事其他滿足你生理、心理與精神層面的活動？你能否在不覺得愧疚或必須捍衛這種需求的前提下騰出獨處時間？你如何察覺與讚頌你的精神？什麼因素能為你提供養分？

以上只是一些個人永續性問題的領域，其他還包括承諾、關係、能量和工作。花時間好好思考每個領域，並問自己：「我做的選擇是否有助於維繫我愛的生活？若否，我還有哪些選項，以利自己踏上永續之路？」

在思考永續性時，三基線（triple bottom line）概念也很有幫助。在企業這個面向，組成三基線的是人、環境和利潤，這三者的實現程度則是衡量成功與效能的指標。

這讓我想到另一個問題：我的三基線是什麼？我立刻想到的是輕鬆、流動與真實。如果我的選擇可以為我的人生帶來更多的輕鬆、流動與真實，那麼，我就是同時做到了成功與永續。你的三基線又是什麼？

◎放手的精妙藝術

保持冷靜。

別慌張，

也別逃走！

做好準備……如果你有退出計畫，而且能因應緊急情況，你就能大大提高生存機會。

——美國華盛頓州斯卡曼尼亞客棧（Skamania Lodge, WA）訪客資訊簿

當我讀到這幾句話時，它們是如此獨立。我想不起該如何詳細闡述它們的含意。這些話非常

適合替我們一起走過的這段內向企業家之旅做個結論，因為這完全總結出當改變發生，或是當我們需要放開執著、需求或是早已打包好卻從未開啟的包袱時應該要記住什麼。

放棄與放手不同，要了解哪個是哪個。

這是撰寫斯卡曼尼亞客棧訪客資訊簿的人提供的建議，引出了很多成功內向企業家的特質：冷靜、聚焦、堅持、做好準備、具備彈性、生存者。

如果要我為這條明智的建議錦上添花，我會說：「然後繼續呼吸。」

致謝

內向的人並不是一座孤島，雖然他們可能希望是這樣！這句話最適合用來訴說一本書的誕生了。雖然寫作主要是孤獨的活動，但要把這本書送到你手上的過程絕對不然。我要以溫暖的內向風格向以下各位大聲致意：

茱莉・佛萊明：二〇一〇年時，在你主辦的某場作坊上我明白了，我受到召喚要為內向企業家服務。這是我人生中最值得紀念的時刻之一！

茱蒂・杜恩與二〇一二年的末日暴雪：當時你上不了飛機，五個月後，我拿到你沒用上的作家文摘大型研討會（Writer's Digest Conference）門票，這改變了一切。

安妮・波可（Annie Bomke）：你是我在大型研討會上第一位推銷的經紀人，你也看到了未經雕琢的璞玉。我永遠都感激你明智的諮商意見、熱忱以及對於《我們安靜，我們成功！》一書無與倫比的信心。

瑪麗安・麗希（Marian Lizzi）與近地點書社（Perigee Books）：你們慧眼識出這個主題的無窮潛力，全心接納，這本書因為你們的遠見而擁有更強大的力道。

克里斯多福・佛萊特（Christopher Flett）：你在每一方面都和我截然不同，因此是我最理想的精神導師。你不只一次把我從絕望邊緣拉回來，並在我需要的時候把我推下去。

亞登・克理瑟：你是我了不起的當責夥伴。你一直在我身邊，陪我走過這段過程中或歡欣或乏味的每一步。你很高興見到我的優先待辦事項清單中再也沒有「處理我的手稿」這一項了吧？（至少到我寫下一本書之前……）

我的內向同僚們：蘿莉・赫爾戈、南西・安克薇姿、蘇菲亞・當布林、蘇珊・坎恩、珍妮芙・凱威樂。你們歡迎我一起對話，並激勵我也說出我自己的心聲。

另外還要感謝以下各位，謝謝你們付出的大大小小、絕對有益的貢獻：蘿拉・愛梅爾（Laura Armer）、琳恩・鮑德溫—芮德絲、珍・伯格（Jan Berg）、茱莉・大衛森—高梅茲（Julie Davidson-Goméz）、迪麗亞・德・拉・羅莎（Delilah De La Rosa）、瑪莉・佛絲班德（Mary Fossbender）、豪爾・金（Howard King）、克麗絲坦・蘭薛（Kristen Lensch）、保羅・梅辛（Paul Messing）、蘇珊・史密特（Susan Schmidt）、雪麗・史東（Shari Storm）、蘿麗・蘇（Lori Zue）、過去和現在每一位和我合作、接受教練輔導的客戶、「內向企業家」網路廣播的來賓以及臉書和推特上面超棒的線上社群。

最重要的，我最深的感謝要獻給我的丈夫安迪。在這一路上，我走每一步你都支持我、鼓勵我、相信我。你最棒，我愛你。

我們
成功

網路資源

你已經來到本書的結尾了，但是這並不是學習之路的終點。我們的用意一向是要讓這本書成為你資源庫的一部分，為你提供能拓展知識與技能的及時相關資訊。你可以在TheIntrovertEntrepreneur.com 網站中找到這些補充資源。

你可以在網站上找到貼文、文章、網路廣播、工作表以及本書被刪減掉的某些部分。網站上也提供機會參與線上的互動式程式，對照出本書的每一章並提供更深入的資訊與資源協助你的企業發展。

推薦書單

以下列出討論內向、人格類型以及和創業有關的精選好書。
你可以在 TheIntrovertEntrepreneur.com 網站中的資源區找到更完整的列表。

Ancowitz, Nancy. *Self-Promotion for Introverts: The Quiet Guide to Getting Ahead.*

Baber, Anne, and Lynne Waymon. *Make Your Contacts Count: Networking Know-How for Business and Career Success.*

Cain, Susan. *Quiet: The Power of Introverts in a World That Can't Stop Talking.*

Dembling, Sophia. *The Introvert's Way: Living a Quiet Life in a Noisy World.*

Doerr, John E., and Mike Schultz. *Insight Selling: Surprising Research on What Sales Winners Do Differently.*

Gerber, Michael. *E-Myth Revisited: Why Most Small Businesses Don't Work and What to Do About It.*

Heath, Chip, and Dan Heath. *Made to Stick: Why Some Ideas Survive and Others Die.*

Helgoe, Laurie. *Introvert Power: Why Your Inner Life Is Your Hidden Strength.*

Jones-Kaminski, Sandy. *I'm at a Networking Event, Now What???*

Kahnweiler, Jennifer B. *Quiet Influence: The Introvert's Guide to Making a Difference.*

Kawasaki, Guy. *Enchantment: The Art of Changing Hearts, Minds, and Actions.*

Keirsey, David, and Marilyn Bates. *Please Understand Me: Character and Temperament Types.*

Okerlund, Nancy. *Introverts at Ease: An Insider's Guide to a Great Life on Your Terms.*

Olsen Laney, Marti. *The Introvert Advantage: How to Thrive in an Extrovert World.*

Petrilli, Lisa. *The Introvert's Guide to Success in Business and Leadership.*

Pink, Daniel H. *To Sell Is Human: The Surprising Truth About Moving Others.*

Sinek, Simon. *Start with Why: How Great Leaders Inspire Everyone to Take Action.*

Sobel, Andrew, and Jerald Panas. *Power Questions: Build Relationships, Win New Business, and Influence Others.*

Zack, Devora. *Networking for People Who Hate Networking: A Field Guide for Introverts, the Overwhelmed, and the Underconnected.*

我們安靜，我們成功！

內向者駕馭溝通、領導、創業的綻放之路。

THE INTROVERT ENTREPRENEUR : AMPLIFY YOUR STRENGTHS AND CREATE SUCCESS ON YOUR OWN TERMS

BIG 0311

作者：貝絲．碧洛（Beth L. Buelow）｜**譯者**：吳書榆｜**主編**：陳家仁｜**企劃編輯**：李雅蓁｜**特約編輯**：聞若婷｜**行銷副理**：陳秋雯｜**美術設計**：陳恩安｜**第一編輯部總監**：蘇清霖｜**董事長**：趙政岷｜**出版者**：時報文化出版企業股份有限公司／10803台北市和平西路三段240號4樓／發行專線：02-2306-6842／讀者服務專線：0800-231-705；02-2304-7103／讀者服務傳真：02-2302-7844／郵撥：19344724 時報文化出版公司／信箱：台北郵政79~99信箱｜**時報悅讀網**：www.readingtimes.com.tw｜**法律顧問**：理律法律事務所 陳長文律師、李念祖律師｜**印刷**：勁達印刷有限公司｜**初版一刷**：2019年8月16日｜**定價**：新台幣400元｜缺頁或破損的書，請寄回更換｜**ISBN**：978-957-13-7861-9｜Printed in Taiwan

我們安靜，我們成功！：內向者駕馭溝通、領導、創業的綻放之路。／貝絲．碧洛（Beth L. Buelow）著；吳書榆譯. -- 初版. -- 臺北市：時報文化，2019.08｜336面；14.8×21公分｜譯自：The introvert entrepreneur : amplify your strengths and create success on your own terms｜ISBN 978-957-13-7861-9（平裝）｜1.職場成功法 2.內向性格｜494.35｜108010198

時報文化出版公司成立於一九七五年，並於一九九九年股票上櫃公開發行，於二〇〇八年脫離中時集團非屬旺中，以「尊重智慧與創意的文化事業」為信念。

THE INTROVERT ENTREPRENEUR by Beth Buelow